LEGACY RS type RA (1989)

STI コンプリートカー
SUBARU TECNICA INTERNATIONAL COMPLETE CARS

スバルモータースポーツ活動の技術を結集したモデル

廣本　泉
Izumi Hiromoto

MIKI PRESS
三樹書房

■

〈取材協力および写真提供〉（順不同・敬称略）
スバルテクニカインターナショナル株式会社
　石山武則／伊藤健／川島喜美雄／高橋光司／辰己英治／津田耕也／西村知己

富士重工業株式会社

スバルテクニカインターナショナル株式会社：OB
　四方寛

フェロールーム株式会社

〈参考文献〉
「BOXER SOUND」バックナンバー（富士重工業／STI）
広報資料、各種カタログ、宣伝用冊子類など

■ 編集部より ■

　　本書に登場する車種名、会社名などの名称は、原則的に主要な参考文献となる、当時
のプレスリリース、広報発表資料、関係各メーカー発行の社史などにそって表記しておりま
すが、参考文献の発行された年代になどによって現代の表記と異なっている場合があり、
編集部の判断により統一させていただきました。
　　なお、STIの「I」は当初、社名が大文字の「I」、製品名は小文字の「i」の表記になっ
ておりましたが本書ではすべて大文字の「I」で統一しています。また、本文では敬称を省
略させていただきました。ご了承下さい。
　　名称表記、性能データ、事実関係等の記述に差異等お気づきの点がございましたら、
該当する資料とともに弊社編集部までご通知いただけますと幸いです。

三樹書房　編集部

はじめに

　スバルのモータースポーツ活動の統括会社として1988年4月に設立されたスバルテクニカインターナショナル株式会社、STIは1989年の10万km世界速度記録を皮切りにWRC（世界ラリー選手権）など国内外の競技へ参戦を開始。その一方でSTIは富士重工業のサービス部が所管するリンクエンジンの改修事業も行っていた。

　これは保証の過ぎたクルマのエンジンを有償で整備するメンテナンス事業だったが、STIは独自に収益を上げるべく、1989年よりラリー競技用のパーツ開発・販売に着手。さらに同年12月にはモータースポーツのベースモデルとして「レガシィRSタイプRA」をリリースした。同モデルは競技用のスペシャルマシンで、多くのユーザーから高い評価を受けることとなったが、この成功をもとにSTIは競技者だけでなく、広く一般のファンが楽しめるロードゴーイングカーを企画する。それがSTIの最初のコンプリートカーとして1992年8月に発売された「レガシィ・ツーリングワゴンSTI」で、こうして後にカタログモデルに昇華するヒットシリーズ"STIバージョン"が誕生。さらに、レガシィ・ツーリングワゴンをベースとする初代STIバージョンでコンプリートカー事業を確立したSTIは、その後もインプレッサやレガシィ、フォレスター、エクシーガ、BRZをベースにプレミアム路線の"Sシリーズ"や走りを極めた"RAシリーズ"、ハンドリングの"tSシリーズ"など、ベース車両を選ぶことなく、ニーズに合わせたコンプリートカーをリリースしていった。

　本書ではSTIが手がけてきた歴代のコンプリートカーを収録。当時のカタログを追いながら開発の背景や技術的な特徴を解説したものである。パーツの解説写真はもちろん、コンセプトに合わせたイメージ写真やモータースポーツシーンとのコラボレーションを連想させる図版は、スバルファンにとって貴重な資料で、STIのコンプリートカーが持つ独自の存在感を楽しんでもらいたい。

　刊行にあたっては本書発行元の三樹書房ホームページ内での連載「M-BASE（エムベース）」を基に図版、文章、巻末の年表や主要諸元表、モータースポーツ戦績の追加を実施した。よって本書ではウェブ連載と比較して、上述のように資料性を充実させることで、よりダイナミックな内容になっている。これもひとえに三樹書房の小林謙一氏、山田国光氏、木南ゆかり氏の多大なるご協力を得て本書にまとめられたものである。

　またカタログを中心とする資料に関してはSTIおよび富士重工業、フェロールームにご提供を頂いた。この場を借りてご協力を頂いた方に感謝の意を表したい。

廣本　泉

目　次

■　はじめに　3

第 1 章　レガシィ RS タイプ RA　1989年 5
第 2 章　レガシィ・ツーリングワゴン STI　1992年 8
第 3 章　インプレッサ WRX STI　1994年 10
第 4 章　インプレッサ WRX タイプ RA STI　1994年 12
第 5 章　インプレッサ 22B-STI バージョン　1998年 14
第 6 章　インプレッサ S201 STI バージョン　2000年 16
第 7 章　フォレスター STI II タイプ M　2001年 18
第 8 章　インプレッサ S202 STI バージョン　2002年 20
第 9 章　レガシィ S401 STI バージョン　2002年 22
第 10 章　インプレッサ WRX STI スペック C タイプ RA　2004年 25
第 11 章　インプレッサ S203　2004年 27
第 12 章　レガシィ・チューンド・バイ・STI　2005年 31
第 13 章　インプレッサ WRX STI スペック C タイプ RA 2005　2005年 33
第 14 章　インプレッサ S204　2005年 36
第 15 章　レガシィ・チューンド・バイ・STI　2006年 40
第 16 章　インプレッサ WRX STI スペック C タイプ RA-R　2006年 43
第 17 章　レガシィ・チューンド・バイ・STI　2007年 47
第 18 章　S402　2008年 50
第 19 章　インプレッサ WRX STI 20th アニバーサリー　2008年 54
第 20 章　エクシーガ 2.0 GT・チューンド・バイ・STI　2009年 58
第 21 章　R205　2010年 61
第 22 章　レガシィ tS　2010年 64
第 23 章　フォレスター tS　2010年 67
第 24 章　WRX STI tS　2010年 70
第 25 章　S206　2011年 73
第 26 章　エクシーガ tS　2012年 78
第 27 章　レガシィ 2.5i アイサイト tS　2012年 81
第 28 章　WRX STI tS タイプ RA　2013年 84
第 29 章　BRZ tS　2013年 87
第 30 章　フォレスター tS　2014年 90
第 31 章　BRZ tS　2015年 93
第 32 章　S207　2015年 96
第 33 章　XV ハイブリッド tS　2016年 101

■　年表　105
　　STI コンプリートカー　スペック一覧　106
　　スバルモータースポーツ戦績　109

第1章

レガシィRSタイプRA
1989年

STIの初代コンプリートカー

パフォーマンスを追求するために経験豊富な職人が技術とアイデアを投入——。そんなクラフトマンシップを持つ名車が日本にも少なからず存在する。なかでも、スバルのモータースポーツ活動を統括するスバルテクニカインターナショナル、略称「STI」が手がけたコンプリートカーは日本を代表するスポーツカーの一角を占めると言っていい。

1988年に誕生したSTIは、スバルブランドのマーケティングおよびプロモーションの一環としてモータースポーツ活動を開始する一方で、独自に収益を上げるべく、保証の過ぎたクルマのエンジンを有償で整備するリンクエンジン事業も展開。さらに1989年にはレガシィの全日本ラリー選手権への投入に合わせてモータースポーツ用のパーツ開発および販売を開始した。

これが後にSTIの主要事業のひとつとなるパーツビジネスへ繋がっていくのだが、これと同様にSTIはラリー競技への投入を前提に限定モデルを発売する。これが1989年12月に発売された「レガシィRSタイプRA」で、同モデルがSTIの手がけた最初のコンプリートカーだった。

レオーネに代わる主力モデルとして1989年1月にデビューし、10万km世界速度記録を更新したレガシィだったが、同年4月、第2戦の「KANSAIラリー」より参戦を開始した全日本ラリー選手権では、ギャランVR-4で挑む三菱ユーザーを前に苦戦を強いられていた。

そのため、富士重工業は同年10月にモータースポーツ用のベーシックグレードとして、ダンパーおよびスプリング、ブッシュ類の強化を図った「レガシィRSタイプR」を追加。その競技用グレードをベースにしたマシンこそ、レガシィRSタイプRAで、「Handcrafted tuning by STI」と謳われたとおり、パフォーマンスを追求すべく、STIの手で徹底的にチューニングが行われていた。

まずエンジンに関して言えば、ハイレベルのチューニングに対応すべく、鍛造ピストンおよび高耐圧コンロッドメタルを採用するほか、吸排気ポートの段差修正研磨やクランクシャフト、フライホイールなど回転計系ユニットのバランス取りを行うことによってシャープなレスポンスを実現していた。

同時に足回りもダンパー、スプリングの強化を図るほか、各ブッシュ類の硬度をアップすることで、ラフロードでの安定性が向上。さらに直進時のギア比が15、最大転舵時で13というバリアブルギアレシオのエンジン回転数感応型パワーステアリングを採用することによって、フル転舵時付近のクイックな操作性と高速走行時における安定性の両立を実現した。

そのほか、ヘッドランプが強化されるほか、アンダーカードが標準装着されるなど、まさに同モデルはラリーに最適なマシンで初級から中級レベルの競技に関してはそのまま出場できるほどの仕上がりとなっていた。それだけにモータースポーツユースでの人気が高く、当初は100台限定モデルと発表されていたのだが、月産20台の販売に変更。さらに1990年5月にはクロスミッションを搭載したBタイプが登場するほか、その後もCタイプ、Dタイプと細かい仕様を変えながらスバルユーザーの主力モデルとして進化を重ねていった。

「競技で勝てるクルマを作りたい。どちらかというとセールスより技術主体のクルマでした」と語るのは当時STIで国内営業を担当していた津田耕也だが、その期待に応えるかのようにRSタイプRAを武器にスバルユーザーが国内外のラリー競技で活躍した。まさに、同モデルはSTIにとって技術プレゼンテーション的な一台で、後に定着するRAシリーズやスペックCシリーズの先駆けとなった。

STIの初代コンプリートカー、レガシィRSタイプRAは、モデル名のRA＝Record Attempt（記録への挑戦）からも分かるように、レガシィによる10万km世界速度記録を達成した記念モデルとして1989年12月に発売。ベースモデルは同年10月に発売されたレガシィRSタイプR（右図）で、これをもとに徹底的なモディファイが行われていた。（1989年9月発行）

ベースモデルとなったレガシィRSタイプRはモータースポーツユースのベーシックグレードとしてリリース。スプリングレートとダンパーの減衰力の最適化を図るほか、サスペンションの各部のブッシュ類の硬度アップを実施するなど足回りが強化されていた。

フロントスカート埋込ハロゲンフォグランプや高速対応フィン付ワイパーなど細部の作り込みにも余念がない。足回りの強化でコントロール性が向上。多くのユーザーがレガシィRSタイプRを武器に全日本ラリー選手権など多くのフィールドで活躍していた。

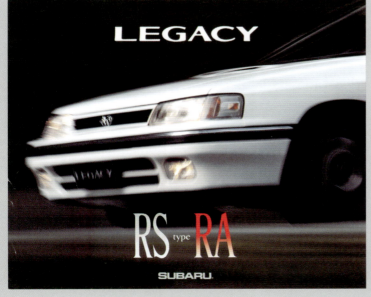

レガシィRSタイプRをベースに開発されたレガシィRSタイプRAが1989年12月にデビュー。さらに1990年5月にはクロスミッションを搭載したBタイプ(左図)が登場した。その後もレガシィRSタイプRA はCタイプ、Dタイプと細かい仕様を変えながらスバルユーザーの主力モデルとして進化を重ねていった。
(1990年5月発行)

カムカバーのゴールドアルマイト処理が独特の存在感を放つエンジンは、チューニングに合わせてデュアルラジエータファンを採用するなど、冷却性能の強化も図られていた。また、エンジン回転数感応型のバリアブルクイック・パワーステアリングを採用。ギアレシオは直進時が15、最大転蛇時が13に設定されており、最大転蛇時のクイックな操舵性と高速走行時の安定性を両立した。足回りも専用のダンパーおよびスプリングを採用するほか、各ブッシュ類も硬度の高い強化パーツを採用するなど細部の改良に余念がない。その結果、グラベル路面でも高いレスポンス性能とトラクション性能を発揮するマシンに仕上がっていた。（1990年5月発行）

エクステリアは極めてシンプルで、専用の15インチホイールとリヤの「RA」のロゴタイプが同モデルの特徴だった。とはいえ、グラベルラリーの必須アイテム、アンダーガードも標準装備。そのほか、ナイトステージに対応すべく、ヘッドランプも60/55Wから100/80Wのハロゲンバルブに強化されていた。（1991年6月発行）

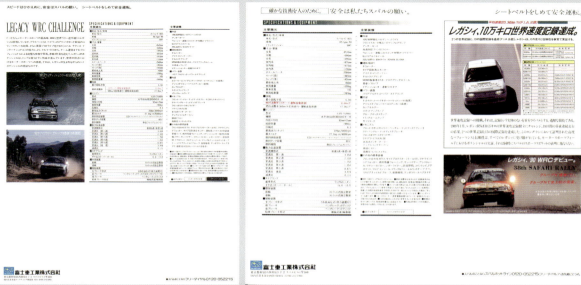

レガシィはWRCで活躍しただけにレガシィRSタイプRAのカタログでも10万km世界速度記録の達成と合わせてWRCでの躍進がPRされていた。当時はイメージ戦略の一環として、スポーツモデルとモータースポーツの関連づけが行われていた。（左：1992年5月発行　右：1990年5月発行）

7

第2章

レガシィ・ツーリングワゴンSTI
1992年

収益を得るために人気のワゴンで開発

　STIが初めてリリースした限定モデル、レガシィRSタイプRAは競技で勝つために開発されたコンペティションモデルで、セールスよりはパフォーマンスを重視して開発されていたのだが、この限定モデルの活躍で、より多くのスバルファンの注目を集めることに成功した。

　同時に「限定モデルは当時のSTI社長、久世（隆一郎）さんのアイデア。その頃、富士重工業の川合（勇）社長からWRCの活動資金は増やせない……と言われていたみたいで、なんとかクルマを作って儲けようとしたことがきっかけでした」と語るのは当時のSTI技術部長、四方寛だが、その言葉どおり、WRCでの活動予算を増やすべく、独自に利益を上げることが求められていたことも影響したのだろう。レガシィRSタイプRAで限定車発売の成功をおさめたSTIは競技者だけでなく、広く一般のファンが楽しめるロードゴーイングカーを企画。かくして1992年8月、ストリートユースとしては初のコンプリートカーとなる「レガシィ・ツーリングワゴンSTI」が発売された。

　同モデルはその名のとおり、レガシィ・ツーリングワゴンをベースに開発されていたのだが、その理由について前述の四方は「スバルで一番売れているクルマで限定モデルを作ろう……ということでレガシィのワゴンをベースにしました」と語る。

　グレードも「GT」の4速ATモデルで、あくまでもセールス面を重視した車種選択だったが、「ワゴンのAT車両でもちゃんと走れるようにやれることはやりました」と四方が語るようにSTIならではの技術が注ぎ込まれていた。

　まず、特筆すべきポイントが専用ECU（エンジンコントロールユニット）を組み込んだエンジンで、これにより約20psのパワーアップと、全域でトルクアップを実現。同時にTCU（トランスミッションコントロールユニット）の制御にもチューニングを図ることでよりスポーティなシフトタイミングとなっていた。もちろん、足回りに関しても専用のスポーツサスペンションが採用されており、当時、スバルのワークスチームでWRCを戦っていたアリ・バタネンが絶賛するほど抜群のハンドリングを獲得していた。

　一方、モータースポーツユースのレガシィRSタイプRAと違って、ストリートユースのレガシィ・ツーリングワゴンSTIではエクステリアに関しても専用のカスタマイズが実施されていた。オリジナルのフロントリップスポイラーを採用するほか、15インチのBBS製のアルミ鍛造ホイールを採用。さらにインテリアに関してもチェリーレッドのステッチを持つエクセーヌシートを採用するなど、まさに走行性能のみならず、トータルでスポーティなコーディネイトが図られていたのである。

　同モデルは受注生産で全国200台限定の発売となったが、STIのスピリッツを満載したスポーツカーとして好調な売り上げを記録する。この成功をきっかけにSTIでコンプリートカー事業が確立され、後のヒットシリーズとなる"STIバージョン"が誕生する。こうしてSTIはモータースポーツ活動だけでなく、世界に誇るスポーツカーメーカーとしても注目を集めるようになったのである。

ストリートユースにおける初代コンプリートカーとなったのが、1992年8月、200台限定で発売されたレガシィ・ツーリングワゴンSTIだった。セールスを考慮して人気の高いワゴンのATモデルをベース車に採用。同モデルでは専用のフロントリップスポイラーを筆頭に、バックドアSTI-WRCエンブレムやルーフサイドSTIステッカーを採用するなどエクステリアもスポーティに演出されていた。

スピードはひかえめに、安全はスバルの願い。シートベルトをしめて安全運転。

STiがレガシィの高性能をさらに引き出した。

まず、エンジン性能曲線から見ていただきたい。コンピューターチューンにより実現したパワーアップは、ベースとなったGTの200psに対し20ps。全域で厚みを増したトルクに合わせて、E-4ATのシフト特性もファインチューニングを行い、格段のポテンシャルアップを果たしている。また、サスペンションはアリ・バタネンが絶賛した仕様とし、ストラットタワーバーで剛性をさらにアップ。BBS製アルミ鍛造ホイール、ABSも標準装備とした。その走りはもはやピュアスポーツの領域である。そして、インテリアにはチェリーレッドのステッチをもつエクセーヌ®シートを採用。滑りにくくシートのサポート性を高める。エクステリアはオリジナルのリップスポイラーがSTiバージョンたる誇りを主張する。

220ps・2.0ℓ BOXER 4cam16valve TURBO
Tuned by STi

MAXIMUM POWER(NET): 220ps/6000rpm
MAXIMUM TORQUE: 27.5kg-m/3600rpm

インストルメントパネル

エクセーヌ®シート(チェリーレッド・ステッチ付)

STiフロント・ストラットタワーバー

STi-BBS製15インチ・アルミ鍛造ホイール

フロント・リップスポイラー&専用フロントグリル

カーゴルームネット

OPTION
PIAA/TERZO製
STiルーフボックス
/ルーフキャリアベース

BODY COLOR 内装色:ダークグレー
ダークレッドマイカ#18 ダークグリーンマイカ#78 ライトシルバーメタリック#52

お問い合わせはスバルテクニカインターナショナル(株)
TEL. 0422-33-7848まで。

専用ECUの採用で20psのパワーアップを実現するほか、TCUの制御を最適化することでスポーティなシフトタイミングを実現。これと同時にSTIの定番アイテムとなるストラットタワーバーもこの初代STIバージョンで初めて採用されており、フロントの剛性が強化されていた。ちなみに、WRCでスバルのワークスドライバーを務めていたアリ・バタネンが絶賛したダンパーはビルシュタイン製。そのほか、ホールド性の高いエクセーヌシートを採用するなど内装もスポーティに演出。シートには、チェリーレッドのステッチ付きのデザインが初めて採用された。後にこのスポーティなシートもBBSホイール、ビルシュタインダンパーとともにSTIバージョンの定番アイテムとして定着していった。

第3章

インプレッサ WRX STI
1994年

人気シリーズの第1号モデル

1992年10月、スバルは人気モデル、レガシィの姉妹モデルとしてコンパクトなボディに熟成のパワーユニット、EJ20を詰め込んだインプレッサWRXを発売。その10ヵ月後となる1993年8月には、WRC第9戦の1000湖ラリー（フィンランド）でインプレッサのグループA仕様車がデビューするなど、スバルのスポーツモデルとして定着し、STIコンプリートカーの登場は既定路線ともいえた。

1989年にリリースした競技ユースの「レガシィRSタイプRA」でコンプリートカーの道を切り拓き、1992年に発売したストリートユースの「レガシィ・ツーリングワゴンSTI」で、コンプリートカーを主要事業として定着させたSTIは1994年1月、満を持してインプレッサWRXをベースに開発された初のコンプリートカー「インプレッサWRX STI」を発売した。

セダンとワゴンの2タイプを持つ同モデルの特徴は徹底的にパフォーマンスが追求されたことで、耐久性に優れた鍛造ピストンと専用ECU、油圧で自動的にタペット調整を行う軽量のハイドロリックラッシュアジャスターなどでエンジンを強化。さらに後にSTIシリーズや競技用モデルに定着するインタークーラーウォータースプレイおよび専用ノズルも初めて採用された。そのほか、5ドアのワゴンではタービンやカムシャフトをセダンと共通の高出力型パーツに変更。これらのエンジンチューニングによって、セダンで10ps、ワゴンで30psのパワーアップとなる250psのハイパワー化を実現した。

このように同モデルでは細部にいたるまでエンジンの強化が行われていたのだが、それに合わせてフロントストラットタワーバーや高性能ブレーキパッド、ブリヂストン製の高性能15インチタイヤが採用されていた。

さらにスポーティなエクステリアやインテリアも特徴で、インプレッサの初代STIのスタイリングは独特なものだった。なかでも、ポイントとなったのがセダンに採用された大型のリヤスポイラーにほかならない。当時としては斬新でインパクトの強いフォルムだったが、このスポーティなシルエットが後のSTIモデルの代名詞として引き継がれていく。さらにインテリアに関してもSTIのロゴをあしらったエクセーヌシートやナルディ製ステアリング、チェリーレッドのステッチを採用したシフトノブを採用するなどスポーティにコーディネイトされていた。

このようにインプレッサWRX STIは走行性能だけでなく、内外装においても特別なものとなっていたのだが、その製造方法も特別で、「Handcrafted & tuned by STI」と謳われていたとおり、ラインオフしたベースモデルをファクトリーで専用アイテムに交換……といったようにSTIの職人技術者たちの手作業によって丹念に製作されていた。そのため、販売に関してもセダンとワゴンの合計で月産100台限定の受注生産という体制にもかかわらず、ヒットを記録した。

このインプレッサの初代STIモデルで成功を収めたSTIは1995年8月に「インプレッサWRX STIバージョンⅡ」を発売しているのだが、同モデルよりSTIバージョンは富士重工業のカタログモデルへ昇華する。その後も1996年のバージョンⅢ、1997年のバージョンⅣ、1998年のバージョンⅤ、1999年のバージョンⅥと年次改良に合わせてリリースされるなど、インプレッサのSTIバージョンは人気シリーズとして定着することとなった。

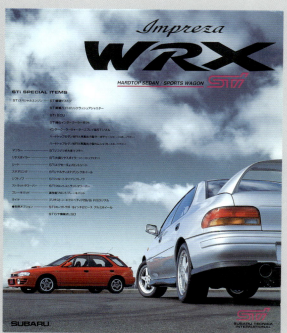

インプレッサ初のコンプリートカーとなった同モデルは4ドアセダンのほか、5ドアのスポーツワゴンもラインナップ。ハードなチューニングに対応すべく、5ドアのワゴンにもタービン、カムシャフトなどはセダン用の高出力型パーツがインストールされていた。

STiエンジニアによるハンドクラフトチューニング。

Handcrafted & tuned by STi

ファクトリー・コンプリート。
WRX-STi
月産100台限定受注生産

鍛造ピストン、専用ECUを採用するほか、軽量ハイドロリッククラッシュアジャスターや強化インタークーラーダクト、インタークーラーウォータースプレイなど徹底的にエンジンを強化。最高出力は250psでセダンでは10ps、ワゴンで30psのパワーアップを実現した。これと同時にマフラーはフジツボ製のスポーツマフラーを採用。101.6φの大口径マフラーで最大トルク31.5kg・mを発揮し、全域でのトルクが向上したことでシャープなアクセルレスポンスを実現した。

走行性能のみならず、エクステリアもスポーティに一新。なかでも、セダンには高速走行時にダウンフォースを生み出すべく、大型リヤスポイラーが装着されていた。この結果、安定性が向上するほか、迫力あるフォルムに変貌。インテリアもスポーティにコーディネイトされており、イタリアの名門、ナルディ製の本革巻ステアリングを採用、さらに素早いシフトワークを可能にするショートタイプのシフトノブにもチェリーレッドのステッチが施されていた。そのほか、フロントシートはセンター部にスウェード調のソフトな質感を持つエクセーヌシートで、STIのロゴ刺繍とイメージカラーのチェリーレッドのステッチをあしらうなどディテールにこだわった仕上がりとなっていた。

スタイリング、インテリア、そしてメカニズム。
すべてに、STiのノウハウとこだわりが息づく。

大型リヤスポイラー（ハードトップセダン）
ハードトップセダンには、高速走行時にダウンフォースを生み出しスタビリティを向上させる大型リヤスポイラーを装備している。

エクセーヌシート
フロントシートは、センター部にスウェード調のソフトな質感を持つエクセーヌを採用。さらにSTiロゴの刺繍とイメージカラー、チェリーレッドのステッチが入っている。また、シートとコーディネートしたオリジナルドリムクロスアクセントも採用した。

STi/ナルディステアリング
イタリアの名門、ナルディ製の本革巻ステアリングをSTiがアレンジ。リム部外周にチェリーレッドのステッチを施し、ホーニングにカーボン調のプリントを配してスポーティを高めた。

ショートタイプシフトノブ
素早いシフトワークを可能とし、シフトフィールを高めるショートタイプのシフトノブを、ノブ部にチェリーレッドのステッチが入っている。

STiフロントストラットタワーバー
定評あるSTiスポーツパーツのフロントストラットタワーバーを装備。フロントサスの剛性を高めリニアなハンドリングを実現。

高性能フロントブレーキパッド
耐フェード性に優れたブレーキパッド。パワーアップに対応し、高速時の制動安定性を高め、ブレーキ性も高める。

ブリヂストン・エクスペディア205/55 R15ラジアル
WRX-RA専用構造のブリヂストン・エクスペディア205/55 R15ラジアルを採用。圧倒的なグリップとトラクションを実現した。

SPECIFICATIONS

EQUIPMENT

BODY COLOR
- ヴィヴィアンレッド
- ライトシルバー・メタリック
- ブラックマイカ

11

第4章
インプレッサ WRX タイプ RA STI
1994年

ハイテクデバイス「DCCD」を初採用した競技モデル

1994年1月に発売したインプレッサ WRX STIで好調なセールスを記録したSTIはその9ヵ月後の同年9月、インプレッサのマイナーチェンジに合わせてインプレッサとしては2台目のコンプリートカーとなる「インプレッサ WRX タイプRA STI」をリリースした。

Record Attempt（記録への挑戦）のイニシャル、RAからも分かるように、1989年に発売されたSTIの初代コンプリートカー「レガシィRSタイプRA」と同様に競技ユースを前提に開発。"ファクトリー・アドバンテージ。"とはカタログに記されたコピーだが、その言葉どおり、タイプRAには磨き抜かれた技術と新しいアイデアが注ぎ込まれていた。

まず、最大の特徴と言えば鍛造ピストンや強化シリンダーヘッド、専用ECUを採用したエンジンにほかならない。STIが得意とするファインチューニングの結果、最高出力275ps、最大トルク32.5kg・mのハイスペックを実現した。

もちろん、このパワーアップに合わせてインタークーラーダクトをアルミ製およびフッソゴム製の強化品に交換して耐久性を高めるほか、ラジエターファンをダブル化してエンジン全体の冷却能力を高めるなどクーリング系パーツ

の強化にも余念がない。そのほか、拡散性能を高めたインタークーラーウォータースプレイと大容量タンクも競技ユースとして開発された同モデルならではの装備である。

一方、遊星歯車式センターデフに電磁クラッチ式のLSDを組み合わせることによって、センターデフのロック率をフリーからロックまでマニュアルでコントロールできるDCCD（ドライバーズ・コントロール・センターデフ）が採用されたことも技術的なトピックスと言っていい。当時、STIで国内営業を担当していた津田耕也によれば「富士重工業の企画を先取りさせていただいた」とのことだが、この画期的なシステムの採用により、前後輪の駆動力の伝達量をコントロールでき、さらにサイドブレーキを引けばフリー、戻せば設定したロック率に復帰するサイドブレーキ連動のデフロック強制解除機能も内蔵していたことから、ラリーを筆頭に様々な競技で抜群の性能を発揮するマシンに仕上がった。

そのほか、足回りやブレーキも徹底的に強化。エクステリアも室内の換気性能を高めるWRCタイプルーフベンチレーターを採用、空力性能の高い大型リヤスポイラーを装着するなど戦闘的なフォルムで、インテリアもオリジナルシートを採用するなどスポーティに演出していた。

まさにインプレッサ WRX タイプRA STIは競技で勝つために作られたマシンで、同モデルで初めて採用されたDCCDは競技で有効なハイテクデバイスとして、STIバージョンなどのベースモデルに採用されることとなる。さらに、月産50台の受注生産ながら数多くのユーザーが様々な競技で活躍することで、タイプRAがスバルのコンペティションモデルとして定着することになった。

インプレッサのマイナーチェンジに合わせて、インプレッサ初のRAモデルが月産50台の受注生産で発売。特徴はファインチューニングされたエンジンで、鍛造ピストン、強化シリンダーヘッド、専用ECUの採用により最高出力275ps、最大トルク32.5kg・mのハイスペックを誇る。車両重量は1200kgの軽量ボディで、4.364と、当時では国産車トップとなるパワーウェイトレシオを実現。インタークーラーダクトを強化品に交換するほか、ラジエターファンもダブル化された。そのほか、センターデフのロック率を自在に調整できる「DCCD」を初めて搭載したことも大きな特徴で、サイドブレーキにデフロック強制解除機能を内蔵し、リヤLSDを機械式とすることで様々な競技に対応できるようになった。

スピードはひかえめに、安全はスバルの願い。シートベルトをしめて安全運転。

STi SPECIAL ITEMS

エンジン	鍛造ピストン 強化シリンダーヘッド STi ECU 強化エンジンマウント(フロント&リヤ) インタークーラー(シルバー塗装) アルミ製強化インタークーラーダクト フッソゴム製強化インタークーラーダクト インタークーラーウォータースプレイノズル(拡散性向上) インタークーラーウォータースプレイ用大容量ウォータータンク ラジエタダブルクーリングファン "Tuned by STi"ステッカー	パワーステアリング	フィン付パワーステアリングオイルクーラー 大容量パワーステアリングオイルポンプ&タンク
		外装	大型リヤスポイラー(ハイマウントストップランプ内蔵) WRCタイプルーフベンチレーター(センター・シングル) STi/ブリヂストン・ポテンザRE010 205/50 R16ラジアル 16インチ5スポークアルミホイール(ゴールド塗装) WRCタイプフォグランプカバー フロントバンパーカラードラジエターグリル ガンメタリック塗装フロントグリル フロントグリルエンブレム(チェリーレッド) フロントグリルエンブレム(WRC参戦車用六連星・選択仕様) STiフェンダーサイドエンブレム IMPREZA WRX STiリヤステッカー
ドライブトレーン	ドライバーズコントロールセンターデフ メーターパネルセンターデフインジケーター クイックシフトリンケージ 強化リヤアクスルシャフト リヤ機械式LSD(2ウェイ4ピニオン式)		
		内装	STiオリジナルバケットシート(STiロゴ刺繍・チェリーレッドステッチ付) STi/ナルディバケットステアリング(カーボンホーンリング&チェリーレッドステッチ付) STi本革巻ショートタイプシフトノブ(チェリーレッドステッチ付)
フロントストラットタワーバー	カーボンストラットタワーバー(MADE. BY FHI Aerospace Division)		
ブレーキシステム	STi/アールズ・ステンレスメッシュブレーキホース	オプショナルパーツ	クイックステアリングギヤボックス(13:1)

主な標準装備 ナトリウム封入中空エキゾーストバルブ/中空インテークバルブ/ダイレクトプッシュ式バルブシステム/クランクシャフト・フライホイール&クラッチカバー回転バランス精度向上品/クロスレシオトランスミッション/スポーティサスペンション(ラリータイプ)/フロント2ポットキャリパーベンチレーテッドディスクブレーキ/リヤ・ベンチレーテッドディスクブレーキ/フロント&リヤスタビライザー/高性能フロントブレーキパッド(ユーリット)/ハイワッテージハロゲンヘッドライト(HiビームNaナトリウム100W、Loビーム80W)/アルミフロントフード/フロント合わせガラス(ブルー)/ウォッシャー連動ミストスイッチ付間けつワイパー/リヤウィンドウデフォッガー/タコメーター/パワーステアリング/チルトステアリング/半ドアモニター/イグニッションキー連動ライトオフ/サイドデフロスター/シガーライター/灰皿照明/デイナイトインナーミラー/カップホルダー/フロントポケット/フットレスト/トランク&フューエルリッドオープナー/3点式ELRシートベルト(リヤ2名分)/フロントシート一体シートベルトアンカー/フロントシートベルトショルダーアジャスター/リヤ3点式ELRシートベルト(2名分)/運転席シートベルト未装着ウォーニングランプ/リヤチャイルドプルーフ/サイドビーム&ステアリングサポートビーム/テンポラリースペアタイヤ

本革巻ショートタイプシフトノブ　　フロントカーボンストラットタワーバー

すべてのスポーツドライバーのために、走りの性能とテイストを高めるスペシャルアイテムを満載。

STi/ナルディステアリングホイール
イタリアの名門、ナルディ製の本革巻ステアリングをSTiがアレンジ。リム部外周にチェリーレッドのステッチを、ホーンリングにカーボン調のプリントを配している。

STiオリジナルシート
フロントシートは、センター部にスエード調のソフトな質感を持つオリジナルシート地を採用。STiロゴの刺繍をイメージカラー、チェリーレッドのステッチを入れている。

クイックシフトシステム&本革巻ショートタイプシフトノブ
ショートストロークシフトリンケージによるクイックシフトシステムを採用。さらに、ショートタイプのシフトノブを装備。本革巻ノブには、チェリーレッドのステッチを配した。

フロントカーボンストラットタワーバー
航空宇宙技術を応用した富士重工業エアロスペースディビジョンの製作による、カーボンパイプとアルミダイキャストで構成された軽量・高剛性フロントストラットタワーバーを装備。きわめてシャープでリニアなハンドリングを生み出している。

STi/アールズ・ステンレスメッシュブレーキホース
耐圧性能にすぐれたステンレスメッシュブレーキホースを4輪に装備。制動時のレスポンスとダイレクト感を向上し、ブレーキフィールを高めている。

WRCタイプルーフベンチレーター
ルーフのフロントセンター部にWRCイメージのベンチレーターを設置。チルトアップすることで、室内の換気性能を大きく向上する。

STi/アールズ・ステンレスメッシュブレーキホース　　WRCタイプルーフベンチレーター

大型リヤスポイラー
高速走行時にダウンフォースを生み出しスタビリティを向上する新型リヤスポイラーを装備。ハイマウントストップランプを内蔵している。

STi/ブリヂストン・ポテンザRE010 205/50 R16ラジアル
WRXtypeRA STiバージョン専用のコンパウンド・パターンを採用。圧倒的なグリップを発揮するポテンザRE010 205/50 R16ラジアル。また、16インチアルミホイールは、ゴールドカラーの5スポークタイプ。

フロントグリルエンブレム
フロントグリルのエンブレムは、インプレッサのマークにSTiのイメージカラー、チェリーレッドをあしらったオリジナル。さらに、WRC参戦車に使用している六連星エンブレムも用意し、選択可能としている。

BODY COLOR：フェザーホワイト

ポテンザRE010 205/50 R16ラジアル&16インチアルミホイール　　フロントグリルエンブレム(六連星・選択仕様)

●WRXtypeRA STiは月産50台(予定)の受注生産のため、ご注文をいただいてから納車まで2〜4ヵ月程度かかります。

Specifications

車名・型式:スバル・E-GC8　車種:インプレッサ ハードトップセダン WRXtypeRA STi (5MT)　全長×全幅×全高:4340×1690×1405mm　室内長×室内幅×室内高:1820×1385×1170mm　ホイールベース:2520mm　トレッド(前):1465mm　トレッド(後):1455mm　最低地上高:155mm　車両重量:1200kg　乗車定員:5名　車両総重量:1475kg　最小回転半径:5.2m　エンジン型式:EJ20　エンジン種類:水平対向4気筒DOHC4カム16バルブ空冷インタークーラーターボ　内径×行程:92.0×75.0mm　総排気量:1994cc　圧縮比:8.5　最高出力(ネット):275ps/6500rpm　最大トルク:32.5kg-m/4000rpm　燃料供給装置:EGI(電子制御燃料噴射装置:マルチポイントインジェクション)　燃料タンク容量:60ℓ　燃料種類:無鉛プレミアムガソリン　変速機形式:5MT(前進5段/後退1段)　変速比:1速3.454(第2速2.333(第3速1.750(第4速1.354(第5速0.972(後退3.416(減速比)3.900　ステアリング歯車形式:ラック&ピニオン式　ステアリングギヤ比:15:1(オプション13:1)　懸架装置(前輪)ストラット式独立懸架(後輪)ストラット式独立懸架　主ブレーキ形式:2系統油圧式(前輪ディスク 後輪ベンチレーテッドディスク)　駐車ブレーキ形式:機械式後2輪制動

スバルテクニカインターナショナル株式会社
東京都三鷹市大沢3-9-6 富士重工業(株)東京事業所内
TEL.0422-33-7848 FAX.0422-33-7844
お問い合わせはスバルテクニカインターナショナル株企画業務部TEL.0422-33-7848まで。

ナルディ製のステアリングホイールなど、随所にスポーティかつSTiらしい演出が見られる。カーボンパイプとアルミダイキャストで構成されたフロントストラットタワーバーは、富士重工業のエアロスペースディビジョンが航空技術を応用して開発したアイテムである。この組織は、現在の航空宇宙カンパニーで、数々の機体を防衛省へ納入する実績がある。これによりシャープなハンドリングを実現した。ルーフのフロントセンター部にWRCイメージのベンチレーターを設置するなどラリー競技の必須アイテムを装着したことで室内の換気性能が向上している。ちなみに、ホイールはゴールドカラーの16インチで、タイヤはブリヂストンのフラッグシップスポーツ、ポテンザが装着された。

第5章

インプレッサ22B-STIバージョン
1998年

WRカーを再現した初のプレミアムモデル

1990年にWRCへの参戦を開始したスバルは1995年にコリン・マクレーがGC8型インプレッサのグループA仕様車でドライバーズチャンピオンに輝き、マニュファクチャラーズ部門も制し2冠を達成。さらに、1996年にマニュファクチャラーズ部門で2連覇を達成すると、新規定が導入された1997年にはGC8型インプレッサをベースに開発された初代WRカー、インプレッサWRC97で計8勝を獲得し、日本の自動車メーカーとして初めてマニュファクチャラーズ部門で3連覇を達成した。

それだけに多くのファンが記念モデルの登場を待ち望み、さらに1994年1月の「インプレッサWRX STI」の成功により、STIシリーズがスバルのカタログモデルにラインナップされたことから、STIでもさらにブランドイメージを高めるべく、特別モデルが必要になっていた。

そこでSTIは1998年3月、WRCでのマニュファクチャラー部門3連覇を記念し、4年ぶりにコンプリートカーをリリースする。そのマシンこそ、インプレッサWRXタイプR STIバージョンIVをベースにインプレッサWRC97を再現した「インプレッサ22B-STIバージョン」だった。

これまでのSTIのコンプリートカーは主に走行性能が追求されていたのだが、22Bではプレミアム感が追加さ

れていた。その最大の特徴がWRCのワークスマシンをイメージしたエクステリアで、フロントグリル一体型のフロントバンパーを筆頭にWRカーと同一形状のサイドスカートやリヤバンパー、さらにブレースグリルを装着したアルミ製ボンネットを採用していた。なかでも、印象的だったのがブリスターフェンダーで、当時STIで国内営業を担当していた津田耕也によれば「当初はリベット止めのオーバーフェンダーを企画していたのですが、久世（隆一郎）さんがブリスターフェンダーにこだわっていて、最後まで意見を譲らなかった」とのことにより、全幅1770mmのグラマラスなボディが実現した。

まさに22Bは"WRカーの市販バージョン"のようなフォルムとなっていたのだが、それだけに現場で製作を担当していた職人たちも苦労を強いられたようだ。まず、特殊車両の生産を行ってきた高田工業でブリスターフェンダーの装着が行われているのだが、その後の作業に関しても当時、製作にあたっていたSTIの石山武則は「ボディをワイド化した後にパーツやエアロを装着していくのですが、通常のラインに流せないので手作業の部分が多かった。量産車より4日から5日ぐらい完成までに時間がかかりました」と振り返る。

もちろん、22BはそのWRカーのようなスタイルに合わせて、インテリアも防眩タイプのつや消しブラックでコーディネイト。さらにパワーソースも一新されており、2212ccのEJ22エンジンを搭載するほか、鍛造ピストンやメタルガスケットをインストールされたことも22Bのポイントだと言えるだろう。それに合わせてミッションの材質を強化するなど細部の作り込みに余念がない。そのほか、足回りにビルシュタイン製の専用ダンパーを採用するなど妥協を許さない仕上がりとなっていた。

販売価格は500万円と高価なマシンとなったが、限定400台がわずか2日間で完売したことは有名なエピソードである。まさに22BはSTIのコンプリートカーにおいてプレミアム路線を切り拓いた一台で、今もなお語り継がれる伝説の名車が誕生したのである。

22B-STi VERSION

WRCのマニュファクチャラーズ部門3連覇の記念モデル、22BはインプレッサWRXタイプR STIバージョンIVをベースにWRカーを再現。その最大のポイントが大きく張り出したブリスターフェンダーだった。リヤクオーターはホワイトボディの段階から特殊な工法が採用されており、標準フェンダーのアウターパネルを溶接部から切除し、ブリスターフェンダーを溶接。まさにWRカーの市販モデルといった雰囲気と言える。

Impreza
PREMIUM SPORTS COUPE
22B-STi VERSION

レギュレーションで可変型リヤウイングの装着が禁止されているWRカーに対して、22Bでは手動で2段に可変できる迎角調整式リヤスポイラーが採用されていた。迎角を変化することで的確なダウンフォースの確保が可能となるなどデザイン性のみならず機能性も高い。また迫力あるエクステリアと合わせて、エンジンもプレミアムな内容で、シリンダーブロックを剛性の高いクローズドデッキに変更するほか、シリンダーのボアアップで排気量を2212ccに拡大。鍛造ピストン、メタルガスケットなど細部までエンジンを強化することで低速トルクの拡大を実現していた。もちろん、足回りの最適化も実施されており、WRカーと同様にビルシュタインのダンパーを採用。高いハンドリング性能と滑らかな乗り心地を実現していた。コイルスプリングはアイバッハ製で、独自のチューニングを図ることにより操縦安定性と乗り心地を高い次元で両立。そのほか、インテリアもWRカーのイメージを再現すべく、インストルメントパネルとドアショルダーパネルはマットブラックでコーディネイトされるほか、ソフトタッチの特殊塗装で防眩効果が高められていた。ちなみに、フロントコンソールにシリアルナンバープレートを配置。エクセーヌ素材のシートもバックレストにSTIロゴをマークした専用モデルで、センター部の配色をボディカラーとコーディネイトするなどシートデザインも専用のアレンジが加えられていた。

第6章

インプレッサ S201 STI バージョン
2000年

オンロードを極めた初代Sシリーズ

　1998年3月の「インプレッサ22B-STIバージョン」で、プレミアム路線での成功を収めたSTIは、それから約2年後の2000年2月にも新たなジャンルにチャレンジしている。そのマシンこそ、徹底的にオンロードスポーツを追求した「インプレッサS201 STIバージョン」だった。

　これまでスバルのモータースポーツ活動はWRCを筆頭とするラリー競技が中心となっていただけに、STIが手がけてきた5台のコンプリートカーも、1989年のレガシィRSタイプRA、1994年のインプレッサWRXタイプRA STIの2台はラリーやダートトライアル、ジムカーナなどを中心とする競技ユースとしてリリース。さらに1994年に発売されたインプレッサWRX STIもストリートユースとはいえ、WRCのイメージが強いモデルとなっていた。

　もちろん、1997年にスバルと縁の深いチューニングパーツメーカーであるキャロッセがJGTC（全日本GT選手権）に参戦するほか、1998年には同様にプローバがスーパー耐久に参戦するなど、1990年代後半にはレース競技でもGC8型インプレッサが参戦するようになっていたが、スバルユーザーはまだ少数派でレースイメージは薄かった。

　それだけに、インプレッサをより多くの層へアピールするべく、スバルは1999年の東京モーターショーへオンロードスポーツを意識した「エクストラワン」をデザインスタディモデルとして出展。これをSTIがコンプリートカーとして具体化したのがS201で、前述のとおり細部までオンロードスポーツを意識したマシンとなっていた。

　ポイントはレーシングカーのようなエアロフォルムで、グリル一体型のフロントバンパーや専用サイドスカート、リヤドアスパッツ、開口部面積を拡大した大型エアスクープ付きボンネット、前面投影面積を減らした砲弾型ミラーなどを採用。さらにディフューザー一体型のリヤバンパーや富士重工業の航空宇宙事業本部が設計を担当したダブルウイングリヤスポイラーを装着するなど徹底的に空力性能が追求されていた。

　これら独特のボディスタイルに合わせて専用スポーツECUや大口径インテークダクトを中心とするエンジンチューニング、そして120mmの大口径テールパイプマフラーを組み合わせることによって300psを実現。さらに足回りも新開発の車高調整式サスペンションの採用やリヤのトレーリングリンク、ラテラルリンクをゴムブッシュから金属球を用いたピロボールにすることで、よりしなやかで応答性の高いハンドリングとしたほか、フロントデフにヘリカルLSDを組み込むなど駆動系を改良することによってトラクション性能および回頭性の向上を実現した。

　まさにS201はレーシングカーのような仕上がりで、STIの歴代コンプリートカーと比べると異色のモデルとなったが、強烈な個性が高く評価されたのだろう。そして、方向性こそ違えど徹底的なトータルチューニングがきっかけとなり、後にSTIコンプリートカーの人気ジャンルとなる"Sシリーズ"が誕生することになったのである。

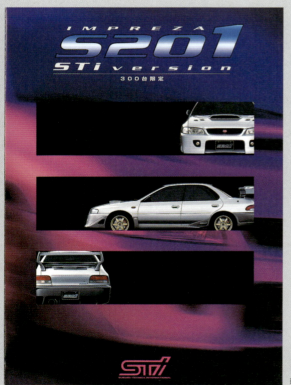

1999年の東京モーターショーの出展車両、エレクトラワンをベースにSTIがコンプリートカーとして市販化したS201は徹底的にオンロード性能を追求。GTカーを思わせる斬新なエアロフォルムが最大の特徴となっていた。

ワークスの挑発。

STIがその経験のすべてを注ぎ込み、オンロードスポーツを追求したチューンドWRX、S201。存在感を見せつける迫力のエアロボディ。最高出力221kW(300ps)を発揮したチューンドBOXERエンジン。そして磨き上げられた足まわり。この渾身に施されたワークスチューンが、走りを知るドライバーを挑発する。

ENGINE TUNE

高次元の走りを生み出すWRXの心臓部、EJ20ターボエンジン。今回STIがその潜在能力を最大限に引き出すことを目指した。まずはスポーツ性ECUを採用することで過給圧をアップ。そしてインタークーラーを大口径のものへ換装することで、ターボチャージャーの効果を向上させた。またフロントフードのエアスクープを大型化し、インタークーラーの冷却性能を向上。排気系にはテールパイプ径120mmという大口径マフラーを装着することで、ドライバーをその気にさせるサウンドを演出している。これらのチューニングがもたらす最高出力は、ノーマル比15kWアップの221kW(300ps)。この耐久性を損なわない出力アップにより、ハイパワーを気兼ねなく楽しむことができる。まさにワークスチューンの真髄である。

SUSPENSION TUNE

STIは、ハイパワーを自在に操れる足まわりを求め、4輪独立式ストラットサスペンションには新開発の車高調整式を採用。セッティングに自由度を与えた。スプリングレートはフロント3.7kg/mm、リヤ3.3kg/mm、ノーマル比それぞれ0.2kg、0.3kgアップにとどめ、ダンピングの効いたしなやかな走りにこだわった。またコーナリング時のダイレクト感を応答性を高めるため、リヤのトレーリングリンクとラテラルリンクにピロボールを採用。そしてフロントデフにヘリカルLSDを組み込むことで、トラクション性能をさらに高めた。ホイールは、RAYS社とSTIの共同製品による鍛造アルミホイール。ノーマルWRXのものより約20%軽量化され、バネ下重量軽減による運動性能の向上を果たしている。

BODY TUNE

S201はレーシングカーデザインのエッセンスを取り入れ、独特の存在感を醸し出す。フロントには迫力のあるオリジナルエアロバンパーを採用。また、軽量化と前面投影面積の減少に貢献する砲弾型ドアミラーを採用した。サイドにはサイドスカートとリヤドアスパッツを装着。リヤは、ディフューザー効果を発揮するリヤバンパーと、ダブルウイングリヤスポイラー、トランクスポイラーによって構成。ダブルウイングリヤスポイラーはウイング部に軽量なアルミを採用し、翼断面形状は富士重工業㈱航空宇宙事業本部(FHI Aerospace Division)の設計によるもので、上部ウイングでダウンフォース強化し、下部で整流効果をそれぞれ担う。リヤスタイルを引き締める存在にふさわしい、精悍なルックスに仕上がっている。

S201 STi Version 主要装備
1. グリル一体式フロントエアロバンパー
2. 大型エアスクープ
3. サイドスカート&サイドスパッツ
4. リヤエアロバンパー
5. ダブルウイングリヤスポイラー／トランクスポイラー(ハイマウントストップランプ内蔵)
6. シリアルナンバープレート
7. チタンシフトノブ
8. 大口径強化インテークダクト(赤色シリコンゴム製)／ホースエアダクト(赤色シリコンゴム製・STIロゴ入り)
9. 120mm大口径テールパイプマフラー
10. 開足式4輪ストラット車高調整式強化サスペンション
11. リヤ・フルピロートレーリングリンク
12. リヤ・フルピローラテラルリンク
13. RAYS製7JJ×16インチ鍛造アルミホイール(STIロゴ入りカーボン製センターキャップ付)／フロント・ベンチレーテッドディスクブレーキ(15インチ対向2ポット/赤色塗装キャリパー)
14. フロント・ヘリカルLSD

その他の艤装装備
・砲弾型ドアミラー
・六連星フロントグリルエンブレム(STiチェリーレッド)
・カラードドアハンドル
・アルミ製スポーツペダル
・ブルーメタリックメーターパネル
・ブルーメタリックインストパネル
・オートエアコン/3連ダイヤル式空調コントロールパネル・シルバーメタリック塗装
・パワーウインドウ(運転席ワンタッチ式)
・集中ドアロック
・パワーアンテナ
・STIマーク刺繍付フロントシート(ジャージエクセーヌ™)
・リヤシート&ドアトリム・ブラック仕様
・STIスポーツECU
・高熱価点火プラグ
・リヤ・ベンチレーテッドディスクブレーキ(15インチ対向2ポット/赤色塗装キャリパー)

S201 STi Versionのベース車(WRX typeRA STi VersionVI) 主要装備
・外観 マルチリフレクター式ハロゲンヘッドライト(ハイワッテージバルブ)／アルミ製フロントフード／ウォッシャー連動ミストスイッチ付間欠ワイパー／リヤウインドデフォッガー(タイマー付)／205/50R16ラジアルタイヤ(ポテンザRE010)
・運転席まわり MOMO製ステアリングエアバッグ内蔵本革巻ステアリングホイール(STI専用チェリーレッドステッチ付)／13:1クイックシオ／パワーステアリング(オイルクーラー&大容量オイルポンプ付)／チルトステアリング
・エンジン 中空インテークバルブ＆ナトリウム封入中空エキゾーストバルブ／メタルガスケット／インタークーラーウォータースプレイ(マニュアル＆オート)／鋳造ピストン・コーティングピストンリング／メタルシールタービン／チタンシールド遮熱板プレートマニホールド／シルバー塗装インタークーラー「Tuned by STI」ステッカー付)／STI専用タンブラー(冷却効果)／クランケースダブルクーリングファン
・パワートレイン ドライバーズコントロールセンターデフ方式4WD／クロスレシオトランスミッション／スーパークロスレシオトランスファーケージ／強化クラッチカバー／強化リヤディファレンシャル／ヘリカルLSD(ビスカスLSD機構内蔵機械式)
・サスペンション&ブレーキシステム アルミ製フロントアーム／フロント・ストラットタワーバー(Made by FHI Aerospace Division)／高剛性フロアーフィキシーズ／高剛性フロント・ブレーキパッド／スタビライザー(フロント＆リヤ)
・安全装備 運転席SRSエアバッグ／フロント＆リヤELR3点式シートベルト／リヤ左右席の乗員保護用としてチャイルドシート固定機構を採用しております。3点式シートベルト(チャイルドドアロック機構付)

グリル一体式のフロントバンパーは、空気抵抗を抑えながら開口部の拡大を実現。ボンネットのエアスクープもインタークーラーの冷却性能を高めるべく、開口部面積が30%ほど拡大されている。そのほか、空力性能の高いサイドスカートおよびリヤドアスパッツを採用。ディフューザー形状のリヤバンパーもGTカーを思わせる仕上がりで、床下の清流効果を高めることによりダウンフォースが向上するなど機能性が高い。アルミ押し出し材でつくられたダブルウイングリヤスポイラーも空力性能が高く、下部ウイングで空気の清流を行い、上部ウイングでダウンフォースを確保している。翼断面形状は富士重工業の航空宇宙事業本部によるデザイン。もちろん、エンジンに関してもファインチューニングが実施されており、加給圧、空燃比、点火時期を見直した専用ECUを採用。吸気効率の高い大口径強化インテークダクトとホースエアダクト、120mmの大口径テールパイプマフラーを組み合わせることにより、300psのハイパワーを実現した。

30mmの調整幅を持つ車高調式サスペンションを採用。それに合わせて、リヤのラテラルリンクおよびトレーリングリンクの結合部をピロボール化することで、シャープなハンドリングとリニアなサスペンション特性を実現した。一方、インテリアに関してもスポーティな演出を実施。メーターパネルおよびインストルメントパネルはブルーメタリックでコーディネイト、STIマーク刺繍付きのフロントシートを採用するなど室内もレーシングな雰囲気を演出している。インパネにはシリアルナンバープレートが装着されている。

走りへのマインドをかきたてる、そのフォルム。そのコクピット。

BODY COLOR: アークティックシルバー・メタリック

第7章

フォレスター STI II タイプ M
2001年

オンロード性能を追求した250psのSUV

　1997年にデビューしたクロスオーバーSUV、フォレスターは走行性能の評判が良く、2000年5月のS/tb-STI、同年10月のS/tb-STI Ⅱともに、カタログモデルとして追加されたSTIバージョンが高い支持を集めていた。そのことも大きく影響したのだろう。STIは2001年10月、フォレスター初のコンプリートカーとして「フォレスターSTI Ⅱ タイプM」をリリース。オンロード性能を追求した「究極」のSUVが誕生した。

　最大の特徴がSTIの技術が注ぎ込まれたエンジンで、専用のスポーツECUを搭載することにより、250psのハイパワーを実現。それに合わせてアルミ製のインタークーラーダクト、シリコン製のエアダクトホースを採用していた。さらにパワーユニットのパフォーマンスを最大限に活かすべく、排気抵抗の低減を追求したステンレス性の専用スポーツマフラーを採用するなど細部のコーディネイトに余念がない。

　そのほか、専用ストラットおよびコイルスプリングの採用でサスペンションの挙動特性を改善したほか、フロントに16インチの対向4ポットキャリパー、リヤに14インチベンチレーテッドディスクを採用するなどブレーキが強化されていることもポイントとして挙げられる。

　もちろん、専用の前後バンパーや大型リヤスポイラーを装着するなどエクステリアに関しても実用性かつデザイン性の高いアレンジを実施するほか、インテリアも透過照明式のSTIロゴをタコメーターにあしらった専用メーターを採用するなどスポーティな空間を追求されたことも同モデルとのポイントと言っていい。

　同モデルはSUVに新たな価値観を提案する一台であり、好調なセールスを記録。SUVのスポーツ化、プレミアム化の先駆者的な存在となった。

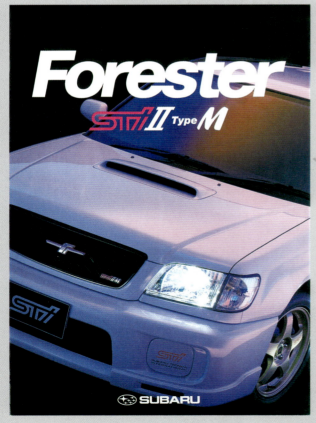

STIはSUVのフォレスターを素材にコンプリートカーの開発にチャレンジ。ターボモデルの「S/tb」をベースに開発され、オンロード性能が追求されていた。フォレスター初のコンプリートカーである。

STI Tunedフォレスター、タイプM登場。
184kW(250PS)＆5MT。

専用フロントバンパーとリヤバンパー、大型リヤスポイラーが装着するなど、エクステリアもスポーティな仕上がり。ホイールは17インチの鍛造ワンピースで、ワイド＆ロープロファイルの225/45ZR17タイヤが採用されていた。ベースモデルと比較して全高で45mmのローダウン化を実現した。そのほか、MOMO製のスポーツステアリングホイールやチェリーレッドをあしらった本革製のシフトノブ＆ハンドブレーキレバーなども採用されている。

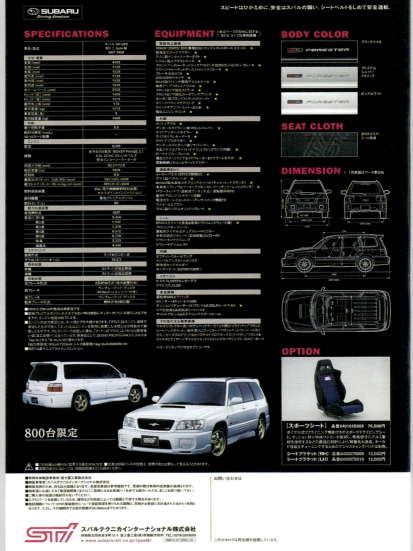

ダイヤル式リクライニング機能付きのスポーツドライビングシートもオプションで設定されていた。トータルバランスの高いコーディネイトで、SUVに新たな価値観を提供する一台となった。

第8章

インプレッサ S202 STI バージョン
2002年

GDB型で初のコンプリートカー

1992年にデビューしたスバルのフラッグシップスポーツ、インプレッサは2000年にモデルチェンジが実施され、四角いヘッドライトを持つシャープなGC8型に代わって、丸いヘッドライトを持つグラマラスなGDB型がデビュー。翌2001年には90kgの軽量化や専用ECUおよびボールベアリングターボでエンジンを強化した競技用モデル、インプレッサ WRX STIタイプRAスペックC、通称"スペックC"が追加されていた。

さらにモータースポーツに目を向ければSWRT（スバル・ワールド・ラリーチーム）のエース、リチャード・バーンズが2001年のWRCでドライバーズチャンピオンに輝いたこともマーケティングの面で追い風になったのだろう。STIは2002年5月、スペックCをベースに開発した「インプレッサ S202 STIバージョン」をリリースした。

GDB型インプレッサで初のコンプリートカーとなったS202は「ワークスチューン」と謳われたように、STIが最新テクノロジーと独自のチューニング理論を注ぎ込み、ストリートにおけるオンロード性能を追求した。その最大の特徴が徹底的に煮詰められたエンジンだった。ボールベアリングターボや専用インテークシステムなど、もともと戦闘力が高いスペックCのエンジンをベースに高回転域の伸び感を重視した専用ECUをインストール。これにより最高出力320psを実現していた。これに合わせて冷却性能を高めるべく、アルミ製の空冷式エンジンオイルクーラーをラジエターグリル内に新設するほか、標準モデルに対して5.4kgの軽量化を図った一室単管式のチタン製マフラーを採用することで超低背圧を実現したこともポイントである。

一方、エンジンと同様にシャーシもチューニングが施されており、リヤサスペンションにピロボールブッシュのラテラルリンク、トレーリングリンクを採用することで"奥行きの深い"ハンドリング特性を実現している。さらに軽量かつ高剛性の鍛造ホイールを採用するほか、一台分で7kgも軽いスリット入りのブレーキディスクローターを採用にするなどバネ下重量を軽減。この一連のパワーアップと軽量化により、S202はエアコンや集中ドアロック、パワーウインドウなどの快適装備を備えながらもパワーウエイトレシオで4.15を達成したのである。

さらに、エクステリアでは2段階角度調整式のリアカーボン製ウイングスポイラーや4灯式のハロゲンライトを備えるなど、機能性の高いスポーティなアレンジが施されるほか、インテリアも半つや消しのブラック塗装色のメーターパネルやブラック素材のバケットシートなどを採用している。

S202は質実剛健なリアルスポーツとして発表と同時に大きな反響を呼び、限定台数の400台がわずか2週間で完売、セールス面でも成功を収めるモデルとなった。

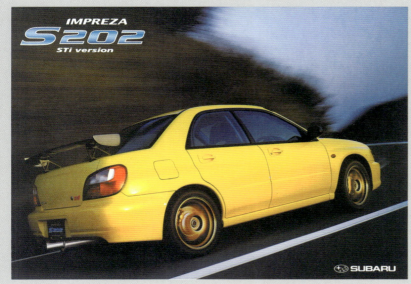

2001年にリチャード・バーンズがチャンピオンに輝くなどWRCでの活躍が著しかった翌年、GDB型インプレッサで初のコンプリートカーとなるS202が、競技ユースのスペックCをベースに開発された。360万円の高額モデルとなったが、発表と同時に予約が殺到、発売を待たずして限定400台が完売した。

「ワークスチューン」
インプレッサS202 STi version。

インプレッサWRX STiシリーズのコンペティションモデル、type RA spec Cをベースに、
SUBARUワークス、STiが、ストリートにおけるオンロード性能の向上を徹底追求。
ワールドクラスのスペックとドライブフィールを目指したマシン、
それが「インプレッサS202 STi version」である。
咆哮するボクサー・サウンド、忠実に路面に追従するサスペンション、
そして、意のままにシャーシを支配するハンドリング。
ワークスならではの最新テクノロジーと独自のチューニング理論を駆使し、
驚異のパワーウェイトレシオと高次元のベストバランスを実現した。
ワークスチューン「インプレッサS202 STi version」。
エンスージアストの着座を待っている。

ハロゲン4灯ヘッドライトを採用するなど、フロントマスクも個性的。ブロンズアルマイト処理を施した鍛造アルミホイールもデザイン性および機能性の高い専用アイテム。タイヤはワイディングロードを快適に攻略すべく、ドライ、ウェットともにグリップ性能の高いピレリPゼロが採用された。

専用ECUを採用することにより、スバル車両としては初めて320psのパワーアップを実現。シリコン製のインタークーラー用ダクトホース、一室単管式のチタンマフラーなど吸排気ユニットも強化されている。そのほか、高回転・高出力化に合わせてアルミ製の空冷式エンジンオイルクーラーをラジエターグリル内にレイアウトするなど冷却面も強化。もちろん、リヤサスペンションのラテラルリンク、トレーリングリンクにピロボールブッシュを採用するなど足まわりの最適化も実施されていた。

ハイマウントウイングステーを持つリアルカーボン製のウイングタイプリヤスポイラーを装着。2段階の角度調整が可能で、抜群の清流効果とダウンフォースを発揮するなどデザイン性のみならず、機能性の高いスタイリングとなっている。

第9章

レガシィ S401 STI バージョン
2002年

上質感を追求したレガシィ初のSシリーズ

2002年5月にGDB型で初のSシリーズとなる「インプレッサS202 STIバージョン」を発売したSTIは、その5ヵ月後の2002年10月に早くもSシリーズの3弾目をリリース。そのマシンがレガシィB4RSKをベースに開発された「レガシィS401 STIバージョン」だった。

「これまでSTIバージョンはパワーを上げて足回りを強化することに主眼を置いていたのですが、22B（インプレッサ22B-STIバージョン）あたりからプレミアムな部分も意識するようになりました。それがSシリーズへ発展することになったのですが、S201もS202もインプレッサをベースに開発していたので"速さ"のイメージが強かった。でも、レガシィはGTのイメージが定着していたので、S401では"速さ"よりも、スバルがこれまで苦手としてきた"上質感"にこだわりました」。

そう語るのは当時、コンプリートカー部門のマネージャーを担当していた伊藤健だが、その言葉どおり、レガシィのコンプリートカーとしては1992年の「レガシィSTIバージョン」から2台目、レガシィのSシリーズとしては初となるS401は究極のプレミアムセダンとしてスペックには現れない質感が追求されていた。

同モデルにおける最大の特徴がエンジンで、専用スポーツECUの採用で最高出力を293psまで向上するほか、フロントフードのエアインテークのサイズを拡大。同時に専用スポーツキャタライザーを採用するなどの吸排気チューニングにより、最大トルクの発生回転数を5000rpmから4400～5600rpmまで拡大している。さらに主要回転パーツのバランス取りを実施することによって、爽快なレスポンスとスムーズなふけ上がりを実現。エンジンはシリアルナンバーが刻印されており、それはまさに職人によるハンドクラフトチューニングの証明となっていた。

このエンジンチューニングに合わせて、GDB型インプレッサの6速MTやブレンボ製のブレーキキャリパーを採用。当時S401の開発を担った車体技術部の川島喜美雄によれば「富士重工業側の設計者はインプレッサのミッションもブレンボのブレーキもレガシィに装着することは難しいと言っていたのですが、なんとか工夫して装着しました」と当時を振り返る。

もちろん、リヤサスペンションリンクをピロボールブッシュに変更するなど足回りを強化。さらにリニアな走りを実現すべく、フロントにストラットタワーバーを装着し、クロスメンバーの取り付け部の剛性を高めるなどボディ剛性の強化を図っていることもS401の特徴と言えるだろう。

そのほか、大胆なエアロパーツこそないものの、専用のフロントバンパーやフロントグリル、18インチ化したBBS製鍛造アルミホイールを採用するなどエクステリアも大人の好む均整なフォルムを確立。同時にインテリアもよりドライビングに集中できるように、ブラックフェイスメーターやホールド製の高い本革とエクセーヌのコンビネーションシートなどにより、ブラック基調のモノトーンでコーディネイトされていたこともS401のポイントと言っていい。

このようにS402はわずか400台の限定モデルだったが、STIは妥協を許すことなくトータルチューニングで上質感が再現されていただけに多くのファンが高く評価。ただ"速い"だけではなく、プラスαの価値観を提案したことで、後にSTIのコンプリートカー開発の方向性に影響を与えるモデルとなった。

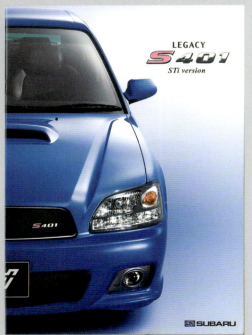

レガシィでのコンプリートカーとしては2台目、Sシリーズとしては初となるS401はプレミアムセダンとして上質感を追求。走行性能はもちろん、エクステリアやインテリアに至るまで特別なアレンジが施されていた。

GTのイメージが強いレガシィをベースに、究極のプレミアムセダンを目指して妥協を許さない開発が実施されていた。組み立てにあたっては手作業の部分が多く、プライスも430万円をオーバーしたが、スペックにはあらわれない価値が高く評価された。

フロントバンパー、フロントグリル、インタークーラーエアインテーク、サイドスカート、STIロゴ入りのテールエンドパイプなどエクステアリアも専用パーツでコーディネイト。派手さはないものの、フォルム全体で"強さ"が演出された。ホイールは18インチBBS製の鍛造アルミホイールを採用。

専用ECUの採用で最高出力は293psまで向上。そのほか、ピストン、コンロッド、クランクシャフトなど主要回転部品のバランス取りを行うことによって、爽快なレスポンスとスムーズなレスポンスを実現した。組み合わされるミッションはGDB型インプレッサの6速MTで、ショートストローク特有の剛性感の高いシフトフィーリングが特徴。あらゆるフィールドでスポーツ走行を楽しめるようになっている。

16.5:1から15.0:1に変更したステアリングギアレシオに合わせて足まわりの最適化を実施。ビルシュタイン製ダンパーと強化コイルスプリング、フロントおよびリヤスタビライザー、リヤサスリンクのピロボールブッシュの採用で"カドの取れた"乗り心地と軽快なハンドリング、そして質感の高い走りを実現した。ブレーキはインプレッサで定評のあるブレンボ製キャリパーを採用。フロントは17インチの4ポッドキャリパーで、ステンレス製のブレーキホースを組み合わせることにより、ダイレクトでリニアなブレーキフィールを実現した。

ドライバーが運転に集中できるようにコクピット内のチューニングにも余念がない。インテリアはブラック基調のモノトーンでコーディネイトされ、メーターパネルは視認性の高いブラックフェイスメーターを採用。ステアリングやシフトノブもSTIのシンボルカラー、チェリーレッドのステッチを持つ本革巻で演出されていた。もちろん、シートにもこだわりの専用モデルで、サポート性を高めるべく、本革とエクセーヌのコンビネーションシートを採用。オーディオシステムも「マッキントッシュ・サウンドシステム」を採用するなど、専用のサウンドチューニングが施されていた。

第10章
インプレッサ WRX STI スペック C タイプ RA
2004年

競技ユースに快適性を加えたロードカー

　2003年はWRCでSWRT(スバル・ワールド・ラリーチーム)のエース、ペター・ソルベルグがドライバーズ部門を制覇するという良いニュースがあったにもかかわらず、コンプリートカーの発売のない年となっていた。それだけにファンの間では新たなモデルの登場が待たれていたのだが、その期待に応えるかのように2004年10月、STIは2002年のS401以来、2年ぶりとなるコンプリートカー「インプレッサWRX STI スペックCタイプRA」をリリースした。

　1989年の「レガシィRSタイプRA」から15年ぶり、1994年の「インプレッサWRXタイプRA STI」から10年ぶりにRA＝Record Attempt(記録への挑戦)のイニシャルを引き継いだ同モデルは、その名のとおり、ニュルブルクリンクで7分59秒をマークしたインプレッサWRX STI スペックC、通称"スペックC"をベースに開発された。

　エクステリアにおけるポイントはフロントコーナースポイラーやフロントアンダースカート、カーボン製リヤウイングスポイラーなど空力性能の高いエアロパーツで、それに合わせてアルカンターラのバケットタイプシートを採用するなどインテリアもスポーティにコーディネイトされていた。さらに日常ユースを考慮して集中ドアロック、フルオートエアコン、全席パワーウインドウなど競技ユースのスペックCに、あえて快適装備を付け加えていたことも同モデルならではのポイントだと言えるだろう。

　そのほか、足回りもオリジナルの減衰力4段可変倒立式ストラットを採用していることから、ウイークデイはソフトな設定で、ウイークエンドのみハードな設定でスポーツドライビングを楽しむことも可能となっていた。つまり、今回のRAは日常ユースをカバーできる競技車両……といった位置づけとなっていたのだが、おそらくこのことはスペックCの国際公認の取得が大きく影響していたに違いない。

　2005年1月のホモロゲーション取得を目指していたSTIは、公認取得の条件となる1000台の生産が急務であった。このRAも快適性という付加価値を設けることによって、競技ユースのスペックCの生産および販売を促し、目標を達成する役目を担っていたのだろう。

　とはいえ、スペックCを日常で使用したいファンにとって同モデルはまさに理想の一台で、スペックCのホモロゲーション取得の条件となる1000台の生産に大きく貢献。人気の高いモデルとなった。

ニュルブルクリンクにおいて7分59秒のラップタイムを刻んだ"スペックC"をベースに開発。RA＝Record Attempt(記録への挑戦)のイニシャルを引き継いだ3台目のコンプリートカーとして300台限定でリリースされた。

ニュルブルクリンクのRAモデルがイメージされていることから、カタログにもスペックCプロトタイプによるニュルブルクリンクにおける走行シーンを収録。メッセージ性の強い演出が施されていた。

定番のピュアホワイト、WRブルー・マイカのほか、特別色としてソリッド・レッドを設定。カラーラインアップにおいても意欲的なチャレンジが行われていた。

軽量で抜群のパフォーマンスを誇るスペックCに集中ドアロックや電動格納式リモコンカラードミラーなど便利なアイテムを追加。競技モデルのフィーリングを日常的に楽しめる車両としてスバルファンの注目を集めた。足回りも減衰力調整式のストラットと15mmのローダウンを図った強化スプリングを採用することで、よりニュートラルで安定したコーナリングを実現。減衰力は4段可変でドライビングスタイルやフィーリングに合わせたセッティングが可能となっていたことも同モデルのポイントだろう。もちろん、フロントにアンダースカート、コーナースポイラーを装着するほか、リヤには清流効果とダウンフォースの向上に効果的なカーボン製ウイングスポイラーを装着。そのほか、ニュルブルクリンクのイラスト入りサイドデカールやリヤに専用のカーボン製オーナメントをあしらうなど、エクステリアも機能性とデザイン性の追求に余念がない。室内も快適性とスポーツ性が両立されており、アルミパッド付スポーツペダルなどスポーティなアイテムとともにフルオートエアコンや全席パワーウインドウなど便利な装備を採用。ちなみに、フロントシートにはアルカンターラのバケットタイプが採用されていた。

第11章
インプレッサS203
2004年

上質感を追求したグローバルピュアスポーツ

2004年10月にリリースした「インプレッサ WRX STI スペックCタイプRA」から2ヵ月後の同年12月、STIはSシリーズの最新モデルとして「インプレッサS203」を発売した。

インプレッサのSシリーズとしては3台目となる同モデルでは走行性能を追求したS201、S202とは対照的にプレミアム路線を追求。その理由について当時、STIでコンプリートカー部門のマネージャーを務めていた伊藤健は「S401あたりからSTIのクルマ作りの方向性を考えるようになりました。コンプリートカーの目的はブランドイメージの向上であり、付加価値販売による収益力の強化にありましたが、そのためにはどうすればいいのか。走りはもちろんのこと、例えばBMWに対するMのようにプレミアム感を意識するようになりました」と語っている。つまり、S203はレガシィベースのS401でトライしたプレミアム路線をインプレッサで初めてチャレンジしたモデルであり、徹底的に質感が追求されていた。

ヨーロッパの上級スポーツモデルをターゲットにグローバルピュアスポーツセダンとして開発されたS203は、大径ボールベアリングターボ、低背圧チタンマフラー、専用ECUの採用やエンジンのバランス取りをはじめとするチューニングにより、パワーアップおよびピックアップの向上を図るほか、減衰力4段可変式倒立ストラット、ピロボールブッシュ式リヤサスペンションリンクを採用するなど足回りの強化で抜群のハンドリング性能を実現していた。

しかし、S203の特筆すべきポイントは専用ユニットによるパフォーマンスの向上に加えて、インテリアに関しても質感を意識したプロデュースを行っていたことで、当時S203の制作にあたっていた車体技術部の川島喜美雄は「質感を大事にしようということで音や振動を抑えることに苦労しました。当時は設計も実験も同じスタッフが行っていたので、みんなで交代しながら実走テストを実施していました」と語る。なかでも、ドイツのレカロ社と共同で開発したドライカーボン製のリクライニング機能付きフロントバケットシートは、特殊なパッドと表皮を組み合わせることによって、適度なタイト感を持ちながらも長時間の運転にも疲れない快適性とホールド性を実現していたのだが、その開発にも苦労を強いられていたようで、川島と同じく車体実験部でS203の開発にあたった高橋光司によれば「シートの耐圧分布測定をやりました。それに摩耗をチェックするために人海戦術で1万回の乗り降りテストなどもやりましたね」とのこと。

一方、エクステリアにおける主なポイントとしては、フロントアンダースカートおよびスカートリップ、ウイング角度2段階可変式のリヤスポイラーに留まるものの、STIでは同モデルから本格的に風洞および走行の相関テストが行われるようになっており、エアトンネルでリフトバランスを検討するほか、高速コースでのテスト走行で形状を決定。機能性の高いスタイルが確立されていることも同モデルの特徴と言えるだろう。

S203の開発には2003年のWRCで世界チャンピオンに輝いたSWRTのエース、ペター・ソルベルグもテストドライバーとして参加しており、シャーシセッティングを行っていたことも同モデルのエピソードのひとつである。

まさにS203はインプレッサをベースにプレミアムな質感を具体化した一台で、限定の555台を完売し、後のSシリーズの方向性を決定づけることとなった。

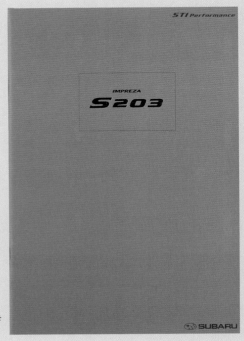

BMWに対するMのようにプレミアム感を演出。インプレッサのSシリーズとしては3台目となる同モデルでは走行性能を追求したS201、S202とは対照的に質感が追求されていた。

風を纏う。

高速走行時のフロントリフトを抑えるべく、ドライカーボン製のアンダースカートを採用。車体下部への空気流入を制限すべく、下部にはスカートリップが追加された。ホイールはBBS製の18インチ鍛造アルミで、ピレリの専用設計タイヤが装着されている。ちなみに、S203においてはタイムではなく、上質感を具体化するために、あらゆる路面で1年間にわたって走行テストが実施された。

感性にとどくテクノロジー。

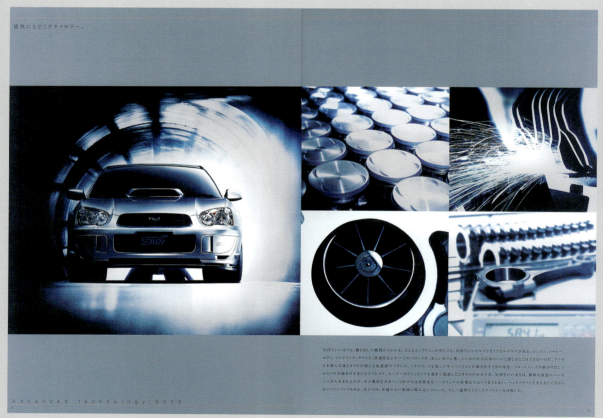

S203では実車の風洞試験でリフトバランスを検討。高速テストコースでの走行テストを経て空力パーツの形状が決定された。エンジンもクランクシャフト、コンロッド、ピストンに至るまでバランス調整が実施されている。

究極へのこだわり。

Advanced seat S203

レカロ社と共同でドライカーボン製リクライニング機能付フロントバケットシートを開発。特殊なパッドと表皮の組み合わせにより快適なホールド性を実現した。磨耗をチェックするために人海戦術で1万回の乗り降りテストを実施。このシートの完成度は抜群でテストドライバーを務めたペター・ソルベルグも絶賛している。

メーターバイザーやセンターパネルは光の反射を抑えるべく、マット系の塗装をしている。本革巻MTシフトノブ、シフトブーツも専用モデルで、アルミシフトブーツリングにはシリアルナンバーが刻印されている。

リヤタイヤの接地性能を高めるべく、ウイング角度2段階可変式のリヤスポイラーをトランク後端にマウント。機能性の高いものとなっている。ちなみにS203では2003年のWRC王者、ペター・ソルベルグも開発に参加した。

S203はグローバルピュアスポーツセダンとしてインプレッサで初めてプレミアム路線にチャレンジ。走行性能とともに上質感が追求されていた。

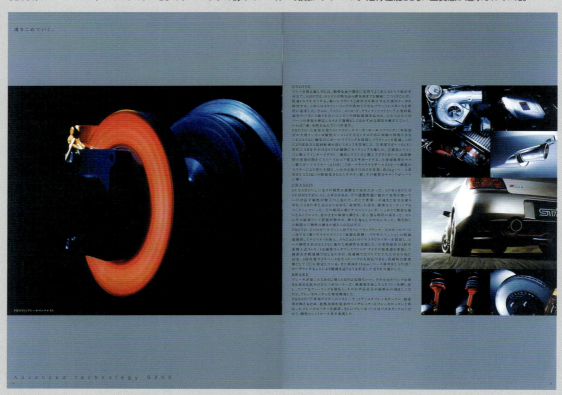

大径ボールベアリングターボと専用ECU、φ110mmの低背圧チタンマフラーを採用することによって、パワーとピックアップの向上を実現。強化シリコンゴム製のエアインテークダクトの採用でスムーズなエア導入を実現するなどパワーユニットも強化されていた。足回りも減衰力4段可変式のストラットと強化スプリングを採用。さらにリヤのスタビライザー径を拡大するほか、ピロボール式リヤサスペンションリンクを採用するなど足回りの強化にも余念がない。ブレーキも熱変形を抑えるべく、アウターベンチタイプのローターが採用されていた。

第12章
レガシィ・チューンド・バイ・STI
2005年

ハンドリングに特化した新シリーズ

　日本初のWRCイベントとして2004年に開催されたラリージャパンで、スバルのワークスチーム「SWRT」が凱旋勝利を獲得。その功績が大きく影響したのだろう。2度目の母国ラウンドとなる2005年の大会に合わせてSTIは2台のコンプリートカーを、ラリージャパンの開催記念モデルとしてリリースした。

　その第1弾が8月にリリースされた「レガシィ・チューンド・バイ・STI」だった。当時、STIでコンプリートカー部門のマネージャーを担当していた伊藤健はそのコンセプトについて「STIのコンプリートカーとしてSシリーズが定着していましたが、それとはまた別に、足回りを中心にライトチューニングを施したシリーズが欲しかった」と語る。その言葉どおり、同モデルではプレミアムなハンドリングを実現すべく、フィーリングにこだわった味付けが実施されていた。

　まず、サスペンションユニットの挙動がより正確なものとなるようにサポートするべく、フロントにストラットタワーバーを装着するほか、後輪の応答遅れを減少するためにリヤサスペンションのトーコントロールリンクの両側およびロワーラテラルリンクの内側のラバーブッシュをピロボールブッシュに変更。さらにスプリングも15mmのローダウンスプリングを採用することによって操縦安定性の向上が図られていた。

　ブレーキに目を向けてもブレンボ製のブレーキキャリパーにより制動力が大幅に向上したほか、STI製のステンレスメッシュブレーキホースを組み合わせることでダイレクトなブレーキフィーリングを実現するなど細部のチューニングに余念がない。

　エクステリアの変更点はフロントアンダースポイラーとセダンタイプであるB4にはトランクスポイラー、そして、専用の18インチアルミホイールとサウンドにこだわったデュアルマフラーといったようにこれまでのコンプリートカーと比較すると派手さを欠いたドレスアップだったが、このシンプルなスタイリングもポイントになっていたのだろう。

　レガシィをベースにハンドリングを極めた同モデルは、バランスの高いチューニングが高く評価され、限定台数の600台が完売。この成功によりSTIのコンプリートカーラインナップに"チューンド・バイ"シリーズが加わることになったのである。

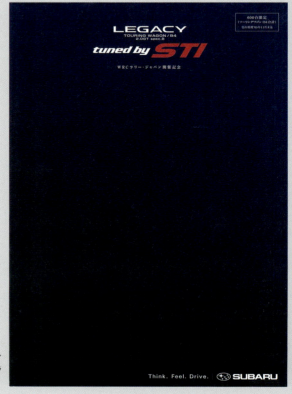

レガシィ・チューンド・バイ・STIは、2005年のラリージャパンの開催を記念したコンプリートカーで、限定600台が完売した。この成功により足回りの改良に特化したライトチューニングシリーズ"チューンド・バイ・STI"が定着することとなった。

エクステリアの変更点はフロントアンダースポイラーの装着などにとどまり、シンプルなドレスアップと言える。B4にはトランクスポイラーが装着されている。ホイールは高強度と軽量化を両立した18インチの鍛造アルミで、これによりバネ下重量の軽減と走行性能の向上を実現した。

エンジンこそ特別なチューニングは行われていないものの、15mmのローダウンにより操縦安定性の向上を図る強化スプリングを採用。リヤサスペンションもトーコントロールリンクの両側とロワーラテラルリンクの内側のラバーブッシュをピロボールブッシュに変更するなど足回りの改良が行われていた。これにより後輪の応答遅れを減少すると同時にキャンバー剛性を高めることでふんばり感も向上した。

室内のアレンジもシンプルかつスポーティに行われていた。アルカンターラをメインにレザーをサイドに配した専用シートを採用するほか、ルーフトリムを含めてブラックでコーディネイトされていた。インパネは260km/hまで刻まれたエレクトロルミネセントメーターが印象的。そのほか、乾いたサウンドにこだわったデュアルマフラーも同モデルの特徴と言えるだろう。ブレーキもブレンボ製で制動力および放熱性を高めるほか、ステンレスメッシュブレーキホースを組み合わせることでダイレクトなフィーリングを実現した。

第13章

インプレッサWRX STIスペックCタイプRA 2005
2005年

F型GDB型をベースに走りの「RA」を開発

ラリージャパンの開催を記念して2005年8月にリリースされたレガシィ・チューンド・バイ・STIは足回りのチューニングにより優れたハンドリングフィールを特徴として、スバルファンの注目を集めていたのだが、このマシン同様にラリージャパンの開催記念モデルとして同年8月にリリースされたのが「インプレッサWRX STIスペックCタイプRA 2005」でこちらも様々な特徴のあるマシンとなっていた。

同モデルは2005年6月のマイナーチェンジでデビューしたF型GDB型インプレッサをベースにした初のコンプリートカーで、その名のとおり、競技ユースのスペックCにRAとして"走り"のカスタマイズが実施されていた。

エンジンこそ特別なチューニングは行われていないものの、減衰力4段可変倒立式ストラットと15mmローダウンの強化スプリングを組み合わせた専用スポーツサスペンションを採用することによりタイヤの接地性が向上。さらにリヤサスペンションにピロボールブッシュ付アルミ製ラテラルリンク、ピロボールブッシュ付トレーリングアーム、φ21mmスタビライザーにより路面の追従性およびロール剛性が高められていたことも同モデルのポイントと言える。

アルミ製シフトブーツリング、専用ブラックソフトフィール塗装などシンプルなカスタマイズに終始したインテリアに合わせて、エクステリアのドレスアップもフロントアンダースカートの装着に留められているものの、このワンポイントの変更によりダウンフォースの向上を図っており、さらに専用のステンレス製マフラー、アルミホイールを採用するなど徹底的に軽量化が行われていた。

専用サイドデカールからも分かるように同モデルはニュルブルクリンクをテーマにバランスの良いコーディネイトが施されたマシンで、「走り」を求める多くのスバルファンから高い評価を受ける一台となった。

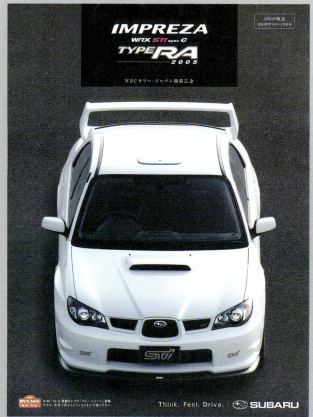

2005年のラリージャパン開催記念モデルの第2弾がF型GDB型インプレッサをベースにした初のコンプリートカー「インプレッサWRX STIスペックCタイプRA 2005」。その名のとおり、競技ユースのスペックCにRAとして"走り"のカスタマイズが実施されていた。

ダウンフォースの向上を図るべくフロントにアンダースカートを採用。そのほか、専用のサイドデカールやリヤオーナメントなど外観はシンプルなスタイルとなっていた。

NÜRBURGRING　ニュルブルクリンク14年目の真価。

インプレッサほど、大きな使命とともに走るために生まれてきたクルマはないかもしれない。WRC（FIA世界ラリー選手権）で勝つことを前提にしているだけではない。「走りを極めれば安全になる」というSUBARUのフィロソフィーを最も端的に体現するクルマとして、インプレッサの走りには、まさにSUBARUのエンジニアたちの魂が注ぎ込まれてきた。そのつねに未知の領域への挑戦ともいえる開発の道場となったのが、ドイツ・ニュルブルクリンクである。1992年にはじめてこの地を走った時の衝撃的な体験は、我々に「速く走れることと、安全に走れることが同次元でなければならない」という強い決意をもたらした。インプレッサはその意志を14年にわたり貫き、いまもニュルブルクリンクを走り続けている。

●

なぜニュルブルクリンクなのか。簡単にいえば、世界中で最も過酷なテストコースであり、ここを調子よく走ることができれば、世界のあらゆる道で通用すると考えているからだ。全長約20kmにおよぶ狭く起伏に富んだコースはサーキットというより、自然の地形そのものの一般道に近い。天候も目まぐるしく変わり、ブラインドコーナーを曲がると突然の豪雨に襲われることも少なくない。しかも80年以上も使い込まれた路面は、ドライでも

滑りやすく、夜露や霧、落ち葉でさえ、命取りになる危険を孕んでいる。また例えば200km/hに近く出る下りのストレートから高速コーナーに入る場合など、押しつぶされるような強烈な縦Gとともに加わる激しい横Gにより、クルマが悲鳴をあげる程ねじれ、ボディとサスペンションに複雑な歪みを与える。

●

ニュルブルクリンクは、走れば、走るほど、我々に多くのことを語りかけてくる。それを理解するためにエンジニア自身も鍛えられた。ニュルブルクリンクは、ドイツをはじめ世界中の一流自動車メーカーがこぞって開発にやってくる。いわば、クルマづくりの聖地として、もうひとつの歴史を持つ。ここを走る、ほんとうの意味が10数年通って我々にも見えて来たところだ。そのひとつの成果が、2004年にタイムアタックを行い7分59秒41※という驚異的な記録を出した時にドライバーが語った「速さの差より、余裕の差を感じた」という言葉に象徴されている。

●

そして2005年、我々はさらなる挑戦として「ニュルブルクリンク24時間レース」へ、ノーマルに近い仕様で臨んだ。聖地に集まってくる世界中のクルマとどう闘えるのか、そしてただでさえ過酷なニュルブルクリンクを24時間走り切ることができるのか。かつてない未知の領域へ飛び込んだ。例年どおり、いつ来るか予測を許さない激しい雨が、参戦車にゆさぶりを

かける。AWDの強みを最大限に発揮して、インプレッサは荒天の時ほど順位をあげた。結果は総合14位クラス2位。トラブルに見舞われることなく完走を果たした。量産車をベースに安全装備の追加や足回りの強化を行った仕様としては、予想外の好成績であった。そして「ノーマルに近い仕様で信じられないほど乗りやすかった。しかも安心感が高いので気力、体力の消耗が少なかった。ニュルブルクリンクで育ったクルマであることを実感した。」という言葉をドライバーたちが残してくれた。

●

インプレッサは、サーキットでタイムをコンマ1秒ずつ削っていくようなクルマづくりはしていない。プロが乗っていいタイムが出ても、乗りづらいクルマになってしまうからだ。誰もが思ったとおりのラインを描いて気持ちよく安心して走ることができるクルマを目指している。必要なインフォメーションを安心感とともにドライバーに伝えることができたら、限界を超えるような運転は自然に回避できるものだ。SYMMETRICAL AWDを持つインプレッサだからこそ、ニュルブルクリンクを走るほど、「走りを極めると安全になる」という本の深さを極めることができるとSUBARUのエンジニアたちは信じている。
── ニュルブルクリンクへの道に終わりはない。

※WRX STI spec Cプロトタイプによるラップタイム。　PHOTO:INTERNATIONAL ADAC 24HOUR RACE NÜRBURGRING 2005　インプレッサ WRX STI spec C プロトタイプ

ニュルブルクリンクをテーマにバランスの良いコーディネイトが施されたマシンで、エンジンはベース車両のものをそのままに走行性能を追求。具体的には減衰力の調整が行える4段可変倒立式ストラットを採用することでタイヤの接地性を高めるほか、15mmローダウンの強化スプリングを採用することによって安定性が向上したことも同モデルのポイントと言えるだろう。同時にリヤサスペンションもφ21mmのスタビライザーなどを採用することで路面追従性およびスタビリティが向上した。

ニュルブルクリンクで感じた
走りの歓びを伝えたい。
WRX STI spec C TYPE RA 2005 誕生。

「走りを極めると安全になる」。ニュルブルクリンクで磨き続けているインプレッサのポリシーを存分に体感していただくために、WRX STI spec C にさらなるチューニングを加えた。アジリティ（敏捷性）とスタビリティ（安定性）をともに高める専用ローダウンサスペンション。ダウンフォースに貢献するSTI製フロントアンダースカート、より軽量化をもたらすSTI製アルミホイール、ステンレス製専用マフラー。そして、クールに走りの気分を高める特別なインテリア。350人という限られた方のために仕立て、カスタムメイドの走りに我々のスピリットを込めた。

IMPREZA
WRX STI spec C
TYPE RA 2005

PHOTO:ピュアホワイト

12本スポークタイプの17インチアルミホイールを採用。マシンにマッチしたスポーティなデザインである。一方、マフラーはφ110mのステンレス製モデルで、スムーズなふけ上がりと心地良いサウンドを実現。見た目も美しい鏡面仕上げとなっている。

エクステリアに合わせてインテリアもシンプルながらスポーティにコーディネイト。アルミ製シフトブーツリングを採用するほか、センターパネル、メーターバイザー、サイドベンチグリルなどもブラックソフトフィール塗装が施されている。

35

第14章

インプレッサS204
2005年

新技術を採用したGDB型最後のSシリーズ

　ラリージャパンの開催を記念してレガシィ・チューンド・バイ・STI、インプレッサWRX STIスペックCタイプRA2005の2車種を2005年8月にリリースしたSTIは同年12月、2006年1月の発売に向けて人気のSシリーズの最新モデルとなる「S204」をリリースした。

　F型GDB型をベースに開発された同モデルは、2004年に発売されたS203を踏襲したグローバルピュアスポーツセダンとして質感とプレミアム感を追求。その最大の特徴がライドコンフォート性とリニアリティを両立させたシャーシセッティングおよびサスペンションにほかならない。

　具体的には15mmのローダウンとスプリングレートを約50％強化したコイルスプリング、専用チューニングを施した倒立式ストラットを組み合わせることにより快適でリニアな反応を実現したほか、リヤスタビライザーも直径をφ20mmからφ21mmに拡大することでロール剛性が向上。さらにリヤサスペンションリンクをピロボール式にすることでフリクションの低減を図るなど、これまで培った技術が注ぎ込まれていたのだが、S204のボディチューニングを語るときに欠かせないトピックスとなるのが、やはり"パフォーマンスダンパー"の装着であり、技術的に新しいチャレンジが行われていたのである。

　ヤマハ発動機と共同で開発されたこのアイテムは車体への入力を減衰するパーツでフロントをサスペンション取り付け下部、リヤはストラット頭部間にレイアウトすることによりリニアリティの向上を実現。さらに走りの質感向上にも大きく貢献したこともパフォーマンスダンパーの特徴と言えるだろう。

　この革新的なアイデアは後のコンプリートカーへ受け継がれるなど技術面における大きなエポックとなったのだが、このパフォーマンスダンパーをはじめとするシャーシチューニングおよび足回りの改良に合わせて、ブレーキもアウターベンチレーションタイプのブレーキローターを採用。エンジンも大径ボールベアリングターボや専用ECUの採用、バランス取りを実施するなどS203で定評のあるカスタマイズが踏襲されていた。

　さらにエクステリアもフロントアンダースカートを装着することでフロント部のダウンフォースを高めるほか、新設計のリヤスポイラーおよびリヤディフューザーにより直進安定性の向上とトラクション性能の確保を実現。いずれもエアトンネルでシミュレーションされた理想的なフォルムで実用性に優れた空力デザインとなっていた。

　これに合わせてインテリアもインパネ部にブラックソフトフィール塗装を施すなどブラックおよびダークグレーで統一するほか、S203で好評を博したドライカーボン製シェルリクライニング機能付フロントバケットシートを採用するなどプレミアムなコーディネイトが施されていたことは言うまでもない。

　同モデルの販売価格は458万円とこれまでのSシリーズのなかで最も高価な一台となったが、S203の正常進化モデルとして多くのスバルファンが絶賛。GDB型インプレッサとしては同モデルが最後のSシリーズで、究極のロードゴーイングスポーツとして記憶に残るモデルとなった。

F型GDB型をベースに人気のSシリーズを開発。2005年12月にリリースされたS204は2004年に発売されたS203を踏襲したグローバルピュアスポーツセダンで質感とプレミアム感が追求されていた。

STI Performance

SUBARUには、「走りを極めれば安全になる」というフィロソフィーがある。そこにはSUBARUのクルマづくりの真髄があり、STIは世界一の走りとスピリットに挑んでいる。モータースポーツの頂点であるWRC（FIA世界ラリー選手権）に挑んでいる。そこでSTIはモータースポーツから生まれる限りない可能性を追求している。世界の頂点でコアテクノロジーの進化や先端技術のフィードバックを実現する。SUBARUを応援してくれる世界中の人々と感動を分かち合う。言いかえれば、世界一の走りへの情熱と夢をSUBARUにそそいでいるのだ。そして、何よりも手にする人に特別な感動と誇りをもっていただくために、頂点で磨いた技術と最高なスピリットをこめた"STI Performance"の創造へ挑み続けている。

究極のロードゴーイングカーとして定着したSシリーズは、内外装はもちろんのこと、エンジンや足回りなど走行性能においてもパフォーマンスを追求。トータルでコーディネイトされていることからプライス設定も高額だが、450万円台のS204も600台がリリースされた。

S204

S204を体感すること、それはSUBARUを、STIを、そして私たちが目指す究極の走りのエッセンスを体感することにほかならない。S204の開発コンセプトは「ハーモニー」である。それは、エンジンやシャシーなど、さまざまな要素が圧倒的な高性能を実現しながら、高度な次元で調和されていること、デザインは究極の統一感の中に、ロードゴーイングスポーツとしての高い質感を表現すること、そして、何よりもドライバーとクルマの感性が一体となって走る歓びをこれまでになく深めたとえ、張りめぐらせるのではなく、すべてを徹底して洗練させることで生まれる「深化」に最大の価値を求め、世界一のドライビングの感動を実感できるクルマづくり、SUBARUとSTIにしか実現できない気持ちのよい走りの世界を目指してきた。S204の中には、今現在における"STI Performance"の頂点が存在している。世界のどこにもない、なにものにも似ていないS204の走り、それを引き出し、味わうのはあなた、私たちに負けない走りへの情熱を持つあなただ。

1
S204のオーナーになるということ。

S204の朝ドライブは、朝がいい。暁闇が閣を呑み込み、蒼の空を橙色に染め始める頃、ガレージの扉を開けると、低い角度から差し込む陽光がボディラインを照らし出す。S204は、すでに何時間も前から目覚めていたかのような勢いをもって迎えてくれた。このスポーツセダンを選択したのは自分自身であり、これまでの経験と知識、そして直感がS204というクルマを選ばせた。張り出したフェンダーいっぱいに収まったタイヤ、高質な輝きを放つホイール、ボディデザインと一体化したリヤスポイラー、そしてアルミ製フロントフードの下に収まるエンジン──それらのスペックは、ほとんどすべてが特別仕立てである。しかし、このクルマに求めたものは、そうした数字と単語の羅列ではない。クルマを愛し、ドライビングという行為を愛し、クルマに対し誰にも負けない

こだわりを注いできた自分の期待に応えて欲しい。これまで経験したことのない感動を体感させて欲しい。そして、スペックの先、進化の先を極めたところにあるクルマと人との一体となれる感触を、心から満喫したいのだ。同じような何十万人ものクルマが街に溢れる時代にあって、ピュアでクルマを愛する人間の数はきっと限られているだろうし、本当に走りがわかる人間はさらに限られているだろう。シフトブーツリングに刻されたシリアルナンバーに、そっと触れてみる。日本で600台、いまこそ味わう幸福を、自分のものにできる人間はごく限られている。そして、S204を手に入れられた600人のオーナーの歓びだけはひとつに違いない。さあ、エンジンをかけて走り始めよう。全身でこのクルマを味わい尽くそうではないか。

走行性能およびデザイン性ともに質感の高さをアピールするS204。プレミアム感を演出するべく、すべてのパーツが専用設計でコーディネイトされていた。シフトブーツリングに刻まれたシリアルナンバープレートが特別な存在感を醸し出す。

2
人とクルマを一体化する、専用RECARO。

3
伝わる音が違う、質感が違う。

S204ではインテリアのカスタマイズにも余念がない。S203と同様にレカロ社と共同で開発したリクライニング機構付ドライカーボン製軽量バケットシートを採用。背面、座面の体圧分布を検討し、最適な形状を決定することにより快適なホールド性を実現した。さらに専用のカーペットマットにより、不快なノイズをカットするなどサウンドの質感も追求されている。

エンジンも特別なスペックを持ち、大径のボールベアリングターボを筆頭にECU、強化エアインテークダクト、低背圧スポーツキャタライザー、低背圧チタンマフラーなど専用アイテムでパワーユニットおよび排気系ユニットを強化。そのほか、ピストン、コンロッドの重量の均等化、クランクの調整などバランス取りを実施することでパワフルかつスムーズなエンジンに仕上がった。

S204では新たなアイデアを採用。その最大のトピックスがヤマハ発動機と共同で開発したパフォーマンスダンパーである。同パーツは車体への入力を減衰するユニットで、フロントはサスペンション取り付け部の下部、リヤはトランクルーム内のストラット頭部に装着。これによりハンドリングのリニアリティと走りの質感が向上した。ブレーキもノックバックを解消すべく、放熱や剛性に優れたアウターベンチレーテッドタイプのローターが採用されていた。

8
走りよく疲を制すボディ。

S204は、わずか100m走っただけで、最初のステアリングのひと切りだけで、いままで体験したことのない際いフィーリングを徹底。直進状態から切り始めた瞬間のしっかり感、細かな路面からの振動の伝わり方のマイルド感。これらを速度を上げてみても、ステアリングを切り返した時のナチュラルな感覚、ショックを吸収する際の減衰の立ち上がり、室内に侵入してくる音、すべてが洗練されたマナーで貫かれている。STIは一体どんな

魔法を使ったのかと思うかもしれない。その秘密は、ボディにある。S204はもともと極めて強靭なボディ剛性を実現している。そのリヤストラットマウントのトップ、フロントロアアームの取り付け部に、新発想のテクノロジー、パフォーマンスダンパーが装着されているのだ。どんなに高い剛性を確保しても、現実には足回りを通じてボディに伝わった衝撃を、振動として伝わり人間の身体へと届く。そのボディに伝わる振動を一瞬にして減衰してしまうのがパフォーマンスダンパーなのである。ヤマハ発動機(株)との共同開発によりS204用に低速、微振位置などを徹底的に徹底的に探求したその効果は、まさに絶大、走るほどにドライバーの心の奥底に同調する味は、S204だけのものだ。

9
空力の下支えが、オンロードでわかる。

ハイウェイを高速走行している時に、ステアリングが妙に軽く感じたことはないだろうか。これは、空気がボディを押し上げる方向に働いている証拠だ。逆にフロントを下向きに押さえる力が強すぎると、安定感も増すが前後のバランスが崩れ、リヤのスタビリティが破綻が生じる。路面が濡れらかなサーキットと違い、オンロードの路面は多様だ。どんな路面でも、空力性能により操縦フィーリングが大きく変化しない方が人は安心感を感じる。つまり、オンロードにおいて最も

重要なのは多彩な状況に対応できる空力バランスなのだ。S204のフロントにはドライカーボン製のフロントアンダースカートが、リヤには比較的コンパクトなスポイラーが装着されている。まず、そのフォルムを眺めてみよう。リヤスポイラーの抑制されたラインは、トランクフードのラインと美しく溶け合うようにデザインされていることを実感で、丁寧な通りを感じさせるフロントアンダースポイラーも同様だ。これなら、街中で気恥ずかしさを覚えることもない。高速走行では、そのデザインの空力的良さに明瞭になる。路面、速度に関わりなく、ステアリングを通じて路面からのインフォメーションがしっかりと伝わり、予測される安定感にあふれている。さらに、その状態からウインチェンジを行っても、ステアリングの正確性は決して失われることがないのだ。この空力性能は、風洞実験はもとよりドイツ・アウトバーンで検証を重ねて決定された、つまり実際のオンロードを走行して完成された造形なのだ。その空力性能は、まさにオンロードを駆け抜けるためのもの、人間の感性を何よりも大切にした、性能と感動がデザインされているのだ。

リヤストラップマウントのトップとフロントロアアームの取り付け部に新開発のパフォーマンスダンパーを装着するなどボディチューニングに余念がない。エクステリアもエアトンネルで空力性能が追求されるなど実用性の高い仕上がりとなっている。

S203のコンセプトを受け継ぎ、質感とプレミアム感を進化させたS204は美しいスタイリングを持つ。フロントにカーボン製のアンダースカートを装着することで操縦安定性を高めるほか、新設計のリヤスポイラーを採用。ウイング面を低位置ながらトランク後端にマウントすることでリヤタイヤの接地荷重をアップさせている。そのほか、リヤディフューザーの採用によりダウンフォースの向上とトラクションの確保を図るなど徹底的に空力セッティングが実施されていた。

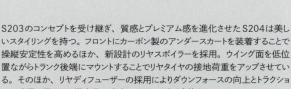

足下はBBS製の鍛造アルミホイールでスポーティに演出。同ホイールはベース車両の17インチホイールよりも1本あたり1.5kgも軽くした専用モデルとなっていることから走行性能の向上にも貢献している。まさにモータースポーツで培った技術と経験を注ぎ込んだ一台で、究極のロードゴーイングスポーツとして記憶に残るモデルとなった。

第15章

レガシィ・チューンド・バイ・STI
2006年

乗り心地とフットワークを追求したハンドリングモデル

2006年5月、スバルは4代目のBL／BPレガシィのマイナーチェンジを実施し、SIドライブ搭載のD型レガシィをリリース。スバルファンの注目を集めていたのだが、そのレガシィのスポーツターボ"2.0GTスペックB"をベースにSTIが手がけたコンプリートカーが同年8月に600台限定でリリースされた「レガシィ・チューンド・バイ・STI」だった。

同モデルは、STIが2005年に発売した「レガシィ・チューンド・バイ・STI」のシリーズ第2弾で、この2006年モデルでもハンドリング性能を高めるべく、足回りを中心としたライトチューニングが施されていた。

まず同モデルのポイントは、専用チューニングを施したビルシュタイン製ダンパーを採用したことである。低重心化を押し進めるローダウンの強化スプリングを組み合わせることにより、しなやかで懐の深い走りを実現している。

これと同時にストラットタワーバー、ロアアームバーをフロントへインストールすることでボディ剛性を高めるほか、リヤサスペンションのリンクをピロボールブッシュに変更することでリヤの追従性が向上。この結果、マイルドな乗り心地とステアリング操作に対する素直なレスポンスを両立しており、路面に吸い付くような安定感を獲得した。

もちろん、ブレンボ製のシステムを採用するなどブレーキも強化されているのだが、キャリパーに渋みのあるブラック塗装を施すなどその雰囲気は落ち着いた仕上がりとなっている。エクステリアもフロントアンダースポイラーと、B4はトランクスポイラーを装着しただけのシンプルなデザインながらも、高速走行時には安定性の向上に貢献している。そのほか、スピニング工法を取り入れた鍛造アルミホイールも1本あたり3kgの軽量化を達成するなど機能性の高いフォルムだと言えるだろう。

インテリアも黒を基調にしたアルカンターラのレザーシートを採用するほか、シルバーを抑えてブラックで統一するなど、260km/h表示を採用したSTIロゴ入りのエレクトロルミネセントメーターと合わせてプレミアムな空間にコーディネイトされていることも同モデルのポイント。エンジンに関しては特別なチューニングは行われていないものの、デュアルタイプのスポーツマフラーでエキゾーストサウンドがコーディネイトされているだけにスポーツドライビングの際は高揚感を満喫できる仕上がりと言える。

まさに同モデルはレガシィを好む大人が理想とするチューニングを具体化したマシンで、初代のチューンド・バイと同様に2006年モデルも600台が完売。セールス面でも成功を収める人気モデルとなった。

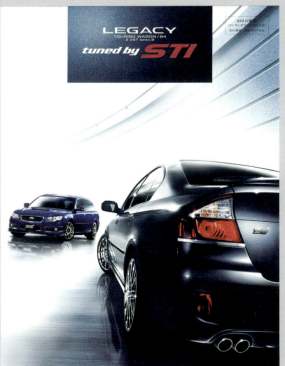

異なる出力特性により複数の制御モードを持つ、SIドライブ搭載のD型レガシィをベースに人気シリーズ"チューンド・バイ"の第2弾を開発。2006年モデルも乗り心地を損なわずに、ハンドリング性能が追求されており、足回りを中心にチューニングが実施されていた。

tuned by STI。
走るほどに、
秘められた贅沢を知る。

ドライビングを、愉しみたいと思った。
単純な速さや過激さではなく、
心の奥に染み渡るような走りの心地よさを。
静かな出会い。しかし、コーナーをひとつ曲がるたび、
ロングドライブをひとつ終えるたびに、
秘められたパフォーマンスが訴えかけてくる。
ときに一人の愉しみとして、
ときに愛する人と過ごす豊かな時間として。
スペックではなく、フィーリングを調律（チューン）するという
発想から生まれたtuned by STI。
さあ、ドライビングのかつてない贅沢へ。

B4、ワゴンともにフロントにはアンダースポイラーを装着。高速走行時の安定性に効果を発揮するアイテムで、派手さこそないものの、実用性の高いフォルムとしてレガシィを好むファンに高く評価された。B4にはトランクスポイラーが装着されている。

ワゴンもエクステリアは極めてシンプルなスタイリング。内装にはブラックのアルカンターラレザーシートを採用。インテリアもシルバーのパーツを控えてブラックでコーディネイトするなどスポーティかつプレミアムな雰囲気となっている。専用のエレクトロルミネセントメーターも落ち着いた仕上がり。

41

エンジンは基本的にノーマルで、ハンドリング性能を追求。エクステリアも大胆なアップデートは行われていない。しかし、軽量かつ剛性の高い18インチアルミホイールを採用。シンプルなデザインながらスピニング工法を取り入れることで、1本あたり約3kmもの軽量化が実現されている。

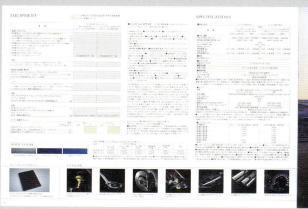

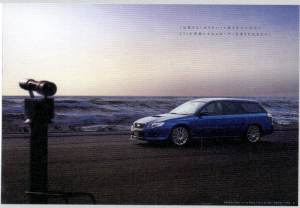

理想的な減衰力特性と低重心化を追求すべく、ビルシュタイン製ダンパーと強化ローダウンスプリングを採用。リヤサスペンションの追従性を高めるべく、ピロボールブッシュのリヤサスリンクとするほか、フロントもストラットタワーバーおよびロアアームバーが装備されていた。ブレーキは剛性感が高く、コントロール性に優れたブレンボ製キャリパーを採用。エクステリアおよびインテリアの落ち着いたデザインに合わせて、キャリパーもブラック塗装でコーディネイトされている。

発売当時、SWRT（スバル・ワールド・ラリーチーム）のドライバーとしてWRCに参戦していたペター・ソルベルグも同モデルのハンドリングを高く評価。左のカタログにも登場している。2005年に発売されたチューンド・バイ・シリーズの第1弾と同様に同モデルも600台が完売した。

第16章

インプレッサ WRX STI スペックC タイプ RA-R
2006年

走りを追求したナンバー付きレーシングカー「RA-R」

　プレミアム路線を追求した"Sシリーズ"に足回りのチューニングに特化した"チューンド・バイ"など人気シリーズの確立に成功したSTIは、新たな方向性をもったコンプリートカーの開発にチャレンジ。その意欲作が2006年11月にリリースされた「インプレッサWRX STIスペックCタイプRA-R」だった。

　「上質感を意識したS203、S204のリリースにより、Sシリーズのプレミアム感は定着してきたのですが、その一方で"走りを極めたクルマ"を作って欲しいとの要望が寄せられていました。そこで究極の走りをターゲットに、GDBで純粋に速く走れるクルマを開発しました」と語るのは、当時、STIでコンプリートカーのマネージャーを担当していた伊藤健だが、その言葉どおり、RA-Rは"本気で攻められるインプレッサ"をコンセプトに徹底的なモディファイが行われていた。

　まず、気になるエンジンのポイントはターボチャージャーで、ベースモデル"スペックC"に搭載されているボールベアリング付き大型ターボのタービンブレードを減らすとともに形状の最適化を図ることでレスポンスが向上。さらにストレート形状のシリコンゴムエアダクトホースの採用で吸気効率を高めるほか、専用ECUの採用で中高速域のレスポンスアップを図るなど、S204で培ったチューニングが実施されている。

　これに合わせてすべてのリンク類をピロボールブッシュに変更するほか、ロールを抑えるべく、スタビライザーをフロントφ21mm、リヤφ22mmに強化するなど足回りも"走り"を意識したチューニングを実施。ダンパーも減衰力特性を強化した専用タイプで、スプリングもスペックCに対して15mmのローダウンを図った強化モデルである。

　そして、RA-Rを語るときに欠かせないポイントとなるのが、充実したブレーキシステムで、フロントに対向6ポッドキャリパーを採用した。ローターも2ピースタイプで、18インチ32mm厚の大径グルーブローターとするなどブレンボ製の専用システムを導入したことも同モデルならでは の特徴と言えるだろう。この結果、熱容量が向上したことから、熱ダレによるフェード現象が低減しており、連続走行時でも抜群のブレーキ性能を発揮。まさにレーシングマシンに匹敵するスペックで、サーキットでのハードな走行にも対応できるようになっているのである。

　ドライバーの好みに応じて選択できるようにリヤスポイラーは非装着となっているものの、空力パーツとしてフロントにスカートリップ付きアンダースカートを装着するほか、低背圧のφ110mmステンレスマフラーを採用するなどエクステリアも機能性の高いレーシーな仕上がり。一方、シートはあえて純正タイプを採用するなど、インテリアはプレミアム路線のSシリーズと違ってベースモデルの純正をキャリーオーバーしているが、樹脂の一種であるジュラコンシフトノブやメタル調センターコンソールを装着するなど細部のドレスアップに余念がない。

　このようにRA-Rは日常使用における快適性を最小限に留め、走行性能のみを追求したマシンと言え、まさにディーラーで買えるナンバー付きレーシングカー的な存在であった。走りを求めるスバルファンの注目は高く、408万円とSシリーズに次ぐ高額車両ながら限定300台が発売直後に完売した。

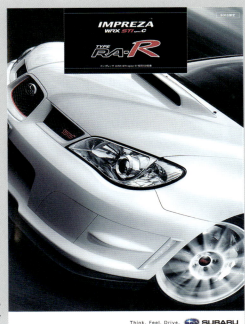

記録に挑戦するモデルに与えられる称号、RA（Record Attempt）にラジカル、レーシーと言った意味を持つRを加えたRA-Rは、純粋に"走り"を極めるために開発されたマシン。"本気で攻められるインプレッサ"をテーマに徹底的なモディファイが実施されている。

ダウンフォースを高めるべく、フロントにアンダースカートを装着。前輪の接地性が向上している。そのほか、フロントグリルセンターもチェリーレッドの枠色付きの専用モデルを採用するなどワンポイントながら存在感のあるフロントフェイスを演出している。

ドライバーが好みに応じて選択できるようにリヤスポイラーはあえて非装着の状態でリリースされた。マフラーはφ110mmの低背圧ステンレスマフラーで、スポーツキャタライザーを組み合わせることにより排気抵抗も低減されている。

RA-Rの特徴が徹底的に煮詰められたエンジンにほかならない。ボールベアリングターボのタービンブレードの枚数と形状を変更することで中高速域におけるレスポンスの向上を図るほか、専用スポーツECUを組み合わせることによりリニアな反応を実現。さらに強化シリコンゴム製エアインテークダクトを採用することで吸気効率も高められている。

44

RA-Rにおける最大の特徴はブレーキシステムだと言えるだろう。フロントに6ポッドのキャリパーと2ピースタイプのグルーブド18インチローターを採用。これは国産の量産ロードカーとしては史上初の装備で、熱ダレによるフェード現象が大幅に軽減されている。そのほか、こだわりのブレーキシステムを収めるべく、専用18インチアルミホイールを採用。さらにタイヤもブリヂストンと共同で開発された専用モデルを履く。銘柄こそスペックCと同様にポテンザRE070となっているものの、235/40/R18のサイズアップを図るほか、専用のコンパウンドが使用されている。

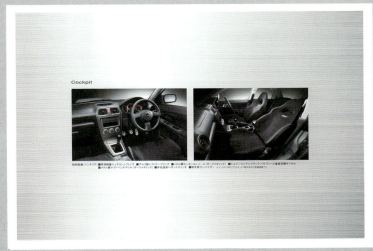

インテリアは純正のシートを採用するなど極めてシンプルな仕上がりである。それでも軽量ジュラコンシフトノブやメタル調センターコンソール、空調ダイヤルのシルバーリング装着およびブラックソフトフィール塗装の採用など、ワンポイントながらスポーティなドレスアップが実施されている。

足回りのリンク類はすべてピロボールブッシュに変更。スタビライザーもフロントがφ21mm、リヤがφ22mmの大径パーツにすることで、コーナリング時のロールが抑制されている。そのほか、フロントロアアームバーや減衰力特性を強化したダンパーおよび強化ローダウンスプリングが採用されている。

45

リヤウイングスポイラーやフルバケットシート、スポーツシングルクラッチなど、好みや用途に応じてチョイスできるようにオプション設定も充実していた。

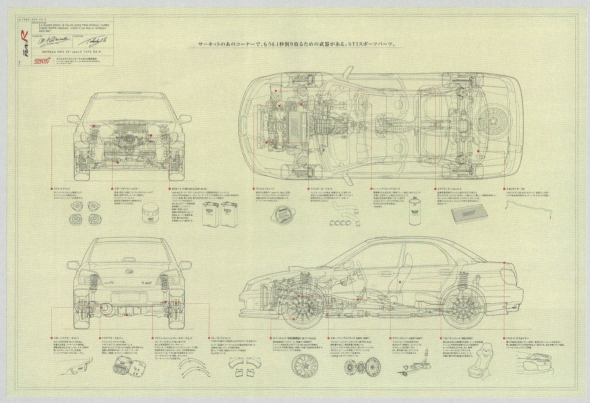

ストラットマウントやブレーキパッド、ステンレスメッシュブレーキホースセットなど、オプションのSTIパーツを選択することで細部までマシンのアップデートが可能。サーキットでのタイムアタックに最適なアイテムとして高い評価を受けていた。

第17章
レガシィ・チューンド・バイ・STI
2007年

マイスター・辰己英治がプロデュースした「運転が上手くなるクルマ」

　走行性能の追求にはじまり、プレミアム路線を開拓。さらにハンドリングに特化したライトチューニングモデルを手がけるなど、ニーズに応じて様々なコンプリートカーをリリースしてきたSTIは、2007年8月、ハンドリングを極めた"チューンド・バイ"シリーズの第3弾「レガシィ・チューンド・バイ・STI」をリリースした。ここで紹介するこのモデルもSTIのコンプリートカー史において、ターニングポイントとなる一台だったと言える。それは、2007年モデルではこれまで発売された2005年モデル、2006年モデルと同様に乗り心地とスポーツ性能を両立した大人のチューニングが行われていたのだが、その流れを汲みつつも、さらに新たな味付けにチャレンジしたことにある。そのプロデュースを担当したのが、長年にわたって富士重工業で車両実験を行ってきた辰己英治だった。

　2006年10月、STIへ移籍した辰己は「富士重工業ではさまざまなことを先行開発してきたけれど、コストの問題で市販化できなかったことも多くあります。だから、量産ラインではできないことをSTIでチャレンジしました」という意気込みでコンプリートカーの開発を担当。その第1号モデルがチューンド・バイ・シリーズの2007年モデルで、「ドライバーの運転が上手くなるようなクルマを目指して"しなやかな足"にこだわりました」と語るように、辰己の経験とアイデアが多く注ぎ込まれていた。

　まず、特筆すべきポイントが"しなやかな強さ"を実現するために新開発のフレキシブルタワーバーをフロントに採用したことにほかならない。これはストラットタワーバーによるボディ剛性の向上と違って、路面からの力を適切にコントロールするためのボディチューニングで、これに合わせて減衰力特性を最適化したビルシュタイン製ダンパー、ローダウンを最小限に留めた強化スプリングを組み合わせるなど、サスペンションも一新されている。

　もちろん、ブレーキにはコントロール性と剛性感に優れたブレンボ製のシステムが装備されるほか、エンジンもSIドライブの3つのモードに合わせて専用セッティングを行ったECUを採用することによってレスポンスが向上。さらにAT車に関しては独自のチューニングを行ったTCUを採用することにより、変速ショックの少ないナチュラルなフィーリングを実現した。

　エクステリアにおける目立った変更点はデュアルタイプのスポーツマフラーを装着した程度で、インテリアも専用エレクトロルミネセントメーターと本革巻のシフトノブおよびATセレクトレバーを採用した程度のシンプルなドレスアップながら、ボディと足回り、そしてAT車はECUに加えTCUを改良することによって、乗り心地と直進性はもちろんのこと、ステアリングやアクセルの微小応答性、走りの質感などスペックでは現れないフィーリングの向上を実現。"思い通りのドライビング"ができることから、コンセプトどおり、多くのドライバーが「運転がうまくなったような気がする」と高く評価。辰己の味付けで新たな価値観をプラスしたモデルで、限定600台が完売した。

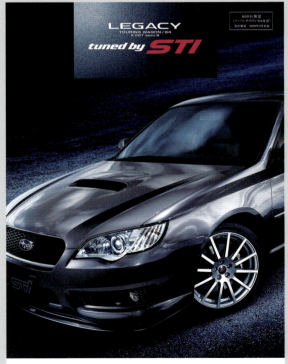

2007年に発売されたレガシィ・チューンド・バイ・STIは、特にハンドリング性能を追求。運転が上手くなるようなクルマを目指して、徹底的に足回りのチューニングが実施されていた。

New concept of driving, tuned by STI.
かつてないほど、美しい走りのために。

ここには、トダンでしか辿り着けない走りの自由がある。ここには、STIでしか知り得ない走りの自在がある。
目指したのは、クルマとドライバーとの新たなる一体感。そして新たなる中毒。サバンナ駆け抜けた野生の動物のように、ドライバーの操作が、その挙動が意識に反応する。
ボディ、サスペンション、タイヤ・・・、クルマを構成するすべての緻密かな"ハーモニー"を奏でることで、美しい躍動感が生まれる。
グランドツーリングカーとして、進化されることのない進化を続けるレガシィ。STIマイスターの"調律（チューニング）"を経て、その走りはさらなる深化を遂げていく。

ワゴンとセダンで計600台の限定で発売。MTモデルのみならずATモデルも設定されるなど、豊富なラインナップも同モデルの人気のポイントだと言えるだろう。

エクステリアにおける変更点はデュアルタイプのスポーツマフラーの装着に留められたシンプルなカスタマイズだったが、派手なドレスアップを嫌う層から好評価を受けた。

独自のセッティングを施したビルシュタイン製ダンパーとスプリングを採用。これと同時に"しなやかな強さ"を実現すべく、新開発のフレキシブルタワーバーが採用された。これは路面からの力をコントロールするボディチューニングで、理想的なドライビングテイストの確立に貢献した。

足回りやシャーシのチューニングに合わせて、ECUおよびAT車のTCUも味付けを一新。さらに"SIドライブ"も各モードの特性に合わせたセッティングが行われていることから、アクセルワークに対するレスポンスもリニアな仕上がりとなっている。

フロントシートのクッションに低反発素材を採用することで走行中の振動を吸収し、ロングツーリングにおける快適性が向上。表皮はアルカンターラとレザーのコンビネーションで落ち着いた仕上がりとなっていた。そのほか、エレクトロルミネセントメーターや本革巻シフトノブ、シフトレバーを採用するなど、さりげないドレスアップが実施されている。

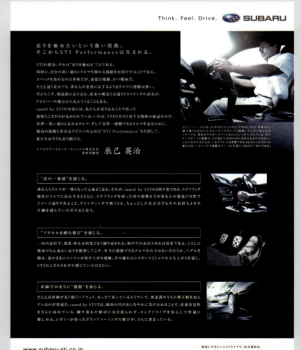

2006年10月、STIへ移籍した辰己英治がコンプリートカーの開発を担当。その第1号モデルとなったチューンド・バイ・シリーズの2007年モデルは"しなやかな足"を追求すべく辰己の経験とアイデアが注ぎ込まれていた。

第18章
S402
2008年

辰巳が手がけた最初のSシリーズ

　2008年6月、設立20周年を迎えたSTIは人気のコンプリートカーラインナップのSシリーズを発表。「インプレッサをベースにしたS203、S204でプレミアム路線を確立していたので、レガシィでもさらに上質感を追求したクルマを作ってみたかった」と当時コンプリートカー部門のマネージャーを務めていた伊藤健が語るように、STIは2002年の「S401」以来、約6年ぶりにレガシィベースのSシリーズ「S402」をリリースした。

　同モデルの開発を担当したのが、2006年10月に富士重工業からSTIへ移籍し、2007年のレガシィ・チューンド・バイ・STIで成功を収めたマイスターの辰巳英治で、「チューンド・バイと方向性は同じ」と語るように"運転が上手くなる"ようなクルマを目指して開発が実施されていた。しかし、「方向性は同じだけれど、どこまでやるのかが違う。S402ではスペシャルなクルマを目指した」と付け加えるように、S402では究極のグランドツーリングカーをコンセプトに徹底的なモディファイが実施されていた。

　まず、S402において欠かすことのできないポイントとなるのが、しなやかな走りを実現するために採用したフレキシブルタワーバーと言えるだろう。これは2007年のレガシィ・チューンド・バイ・STIより辰巳が取り入れた新発想のボディチューニングだが、S402ではこれに加えてフレキシブルロアアームバー、フレキシブルフロアバーを採用。さらに足回りも専用チューニングのビルシュタイン製ダンパーと強化スプリングを組み合わせることによって、微妙な操作にもダイレクトかつリニアに対応するステアリングフィールを実現した。

　さらにS402ではエンジンもスペシャルなユニットで、2.5Lターボをベースに等長等爆エキゾーストシステムやツインスクロールターボ、専用コンプレッサーをインストールしている。その結果、392N·m（40kg·m）の最大トルクを実現し、ワインディングやハイウェイで抜群の加速を発揮。もちろん、その仕上がりはリニアかつスムーズとなっていることもS402の特徴だと言えるだろう。

　そのほか、ホイールをBBS製の18インチ鍛造アルミとするほか、タイヤも235/40R18のブリヂストン・ポテンザRE050Aを採用。さらにブレーキに関してもフロントにブレンボ製のモノブロック対向6ポッドキャリパーおよび18インチ2ピースディスクローターとするなど充実したスペックを誇る。このブレーキシステムは走りを追求した2006年発売の「インプレッサWRX STIスペックCタイプRA-R」で採用されていたのだが、サーキット走行に主眼を置くRA-Rと違って、S402では制動力のみならずコントロール性能を重視したチューニングを実施し、"ジェントル"な質感を実現したという。

　まさにS402は特別なチューニングにより卓越した走行性能を実現しているのだが、それを支えるワイドタイヤを収めるべく、ノーマル比で片側20mmずつ拡幅したワイドフェンダーをフロントに採用している。そして空力性能の高いフロントアンダースポイラーを装着するなどそのスタイリングも美しいものだった。さらに純正のシートをベースにしながらも、座面に低反発ウレタンを採用することで乗り心地の向上を図るなどシートに関してもオリジナルのチューニングを実施。MOMO製の本革巻ステアリングホイール、専用ドアトリムを採用するなどインテリアも気品のあるコーディネイトとなっていたこともポイントと言えるだろう。

　このように究極のグランドツーリングカーを目指して開発されたS402は、STIの技術とアイデアが注ぎ込まれた逸品で、車両販売価格もセダンで510万円、ワゴンで523万円を超える高額モデルとなったが、限定台数の402台が完売するなどセールス面でも成功。多くのファンに支持されたモデルで、記憶にも記録にも残る一台になったのである。

設立20周年を迎えたSTIは2002年のS401以来、6年ぶりにレガシィベースのSシリーズとしてS402をリリース。究極のグランドツーリングカーをテーマに内外装から足回り、エンジンまで徹底的なモディファイが実施された。500万円を超える高額モデルだったが、セダンとワゴン、計402台が完売した。

235/40R18の専用ワイドタイヤを収めるべく、ノーマル比で片側20mmずつ広いフロントワイドフェンダーを採用。そのほか、フロントのアンダースポイラーおよびグリル、ドアミラーも専用モデルで、美しいフォルムに仕上がっている。

フロントワイドフェンダーの装着でワゴン、セダンともに全幅1770mmのグラマラスなスタイルとなった。セダンのトランクスポイラーも専用モデルで、φ65デュアルスポーツマフラー、専用エンドプレートとともにテール周りもプレミアム感の高さをアピールしている。

究極のグランドツーリングカーを目指してエクステリアもプレミアム感を追求。フェンダーグリル付きのフロントフェンダーは大きな特徴といえる。グリル、アンダースポイラー、ドアミラーも専用モデルで美しい仕上がりを見せている。

BBS製の18インチ鍛造アルミホイールを採用するほか、タイヤも235/40R18のブリヂストン・ポテンザRE050Aを採用。さらにブレーキに関してもフロントにブレンボ製のモノブロック対向6ポッドキャリパーおよび18インチ2ピースディスクローターが採用されている。

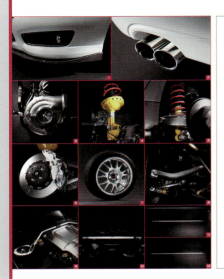

エンジンと合わせてビルシュタイン製ダンパー、リヤサスリンクのピロボール化、フレキシブルタワーバー、フレキシブルロアアームバー、フレキシブルロアバーなど足回りとボディチューニングを実施。ダイレクトかつリニアに対応するステアリングフィールを実現した。

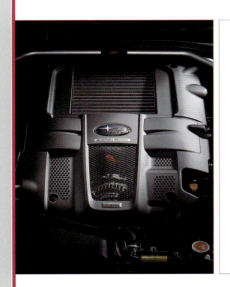

S402はエンジンも専用スペックとなる。海外で使われている2.5Lターボをベースに等長等爆エキゾーストシステムやツインスクロールターボ、専用コンプレッサーをインストール。最大トルクは392N・m（40.0kg・m）/2000-4800rpmでフラットかつジェントルなエンジンに仕上がった。

座面に低反発ウレタンを採用することで乗り心地の向上を図るほか、バックレストに補剛材を入れ、座面のクッション部を約30mm延ばすことでホールド性を高めるなど純正品にオリジナルのチューニングを実施したシートは、表皮にはオールレザーを採用するなど実用性と質感の高い仕上がりとなっている。

クルマは、「人」で決まる。

私たちSTIが、ドライビングにまつわる奥行きの全てをここから導き出した情熱の結晶。それがS402である。まろやかさ、柔らかさで勝負できるクルマは、言うまでもなく上級車。走りで何から何まで自分を発揮できる、そんなクルマにしたかったので、私たちはスカイラインという程度でも留まらなかった。

いかに技能が出色性でも、クルマを走らせる感性とは、データをもとに、手を持つところから、出発するに過ぎない。感覚を持って運ぶ立てにあれば、高次元のドライビングで魅力を得られるはずなのだ。エンジンの手触り、そしてそのクルマを走らせる彼らは、ひとえに本来のドライビングを支えるもう、そうした意味でもパーツなどして、車をいつもSUBARUらしくないのか。

かねてから、走りの機動性もなくはその能力を超えるクルマを送り出すこれからの時代に、私たちSTIの専門。私たちは、S402である一人のマイスターで一人の人の旅を進めた。足元を集め、長年培ったSUBARUの走りを思う。最もSTIの専門実験場所である。

「究極のグランドツーリングカー」

S402の最後コンセプトは、「究極のグランドツーリングカー」である。レガシィが誕生以来主をお持ちしてきたグランドツーリングカーは、快適性、安全性、運動性能を含めたすべてバランス良く、人生を生活パートナーにふさわしい高性能な水準とはそのものである。

そのグランドツーリングカーの「究極」のものすが発達点、「運転を上手にするクルマ」という発見。それは、これは前述のグランドツーリングカーがSTIの世界から目指すべく我々の正確なコンセプトになっている。いや、言ってみれば、「運転を上手にするクルマ」はエンジンカンとSTIの発想点になっているので、これ以外ないと言ってよい。

私たちコンセプトではないもっと「クルマを、ドライバーでいるいかに同じ立場との視点から、もっと運転が上手になるなら動けるドライバーの魅力の奥行きに仕上げたい。

ドライバー側からものを見ないで、どうしても機動性を知らないと発見できる、そんな姿勢をもって走らせるように動く、私たちのドライビングシーンである。

392N・m（40kg・m）の意味

S402に搭載されている2.5Lターボエンジンは、海外で使われるようなボアアップなどによる、高いパフォーマンスに対応すべく、新しく、最も高い性能を必要な形にテストをみ。インジンを採用することで、その最大出力は320HPまで手放すで新たに生まれ、その出力は、392N・m（40kg・m）の最大トルクを2000rpmから4800rpmにかけて発生させることを得るのは、これはS402の驚異的な能力をを手にしたと言える。

いやな急斜面でも、絶対的な速さ、鋭い味がる一戸のピークパフォーマンスを存分に楽しむことができるのだ。

しかしながら我々がエンジンで表現したかったのは、それだけではない。ジェットルトばりの排気爽快な排気音は、心にや働きかけ、「運転が上手になった」と感じる事になる。

もちろん、「運転が上手になる」ということは。

たとえば急発進の度を、急激に踏んでみる時にも、最初回したか

それは本気なクルマというよりもの運転の、ドライバーは自分の腕が下手なのかと言っていた、鈍い駆動車に入りてしたら、同様の手応えになる。

ドライビングの視点は、ドライバーを主役にするとのところから生まれるなのである。

イメージ通りに時、ダイヤングを切るのかや、アクセル・ブレーキを感じるのが、輪には急撃き、ブレーキを踏むには「アクセルを切る」「ブレーキを踏む」を発車させるが「運転した」ということ、その先にもはや、ウィンドウワイパーと交通に対にを、安全に助かる、エンジンを切って「駐車する」クルマを動かしてこ、感触としてドライビングチャームとしてS402にある。そして、運転が上手な、「外的要因で上手に触える」ことから、「自分の感性要因、上手る」ことから上手といて、運転が上手に、そのあるこそが「究極のグランドツーリングカー」のクルマである。

"極"がクルマの性能を語る。

クルマがS402が具体的に感じにさせくれた、ずっと迎接道路をゆっくり走らせているS402が「追る楽しさ」のだろうか、まっすぐ止まらせるが簡単だと認められる、鈍いかもしれないし、手には見えない。

実はそうでしょ、その中で、楽しさテアリング彼のも、正直にすぐさまわれるクルマでるからだ。

最近は思う、極のあるを持って走れているから、どんなにクルマもことが下手にないし、また、クルマにその極度を保つことができるようになる。シテアリングを対する、タイヤがいり、入りあげるだろう、最低操作もタイヤを少ることさせる、入り上げるとブレーキ。ブレーキを踏みで感じ取れタイヤを抑えているから。

問題は、そのグリップ力、自然以上で急がれてしまうようにあるのだ。シテアリングセンターの主張が、そのタイヤは絶えず

この要因は、シテアリングを切るかタイヤが切れすぎが絶対を求めて、「人間の感覚に追いていない力ずが、鈍くないかれを、必ず入ったの誤った感じた反応が返ってしまう、「運転が下手」になっていた。

S402の「運転が上手になるクルマ」の極めて微な場所の時間を求めた、人間の感覚の「気持ち」さえ、思い返せられない

エンジンとバランスしたシャシー

STI、そしてSUBARUは、シャシーとエンジンがバランスしていることを重視するが、エンジン性能が強化されたS402でもそれは同じ、言わば同時にバランスが失えたS402。

今回、SYMMETRICAL AWRにこだわる水平対向ボディエンジンを生かしたシャシーにはSUBARU込みエンジンのインダッシュを生み出す、いいシャシーの気筒エンジン絶地点でいった急な速度を持ちに上昇する280Lに起こなるエンジンの感動によって、結果から新生に足とスロリとしてジェントル至って発達させる、速度の時代のファインジン感性能を生まれてまだ成績の特性をがある。

トルクが最終値、上がったターボ過給のS402にあって、エンジン性能及び足コライクテア性能を実気するため、脚、走いのタイヤ、足力リブレーキを超える密を及ぶな、ここに、ボディ側からもの物量は、ノーマル式で有効295mmだから太いフロントミッシュバーを設置して、正に35・40R17タイヤを、かぶるフロントブレーキキャリパーで統一する。

VDC

熊味の視覚的なアシスタムのようなデバイスは、正面的なドライビングをライザーする、必ずにひていたの時代があらってく、やかスポー

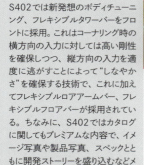

S402では新発想のボディチューニング、フレキシブルタワーバーをフロントに採用。これはコーナリング時の横方向の入力に対しては高い剛性を確保しつつ、縦方向の入力を適度に逃がすことによって"しなやかさ"を確保する技術で、これに加えてフレキシブルロアアームバー、フレキシブルフロアバーが採用されている。ちなみに、S402ではカタログに関してもプレミアムな内容で、イメージ写真や製品写真、スペックとともに開発ストーリーを盛り込むなどメッセージ性の高いものとなっていた。

ステップアップや、最低速行時の操作とスポーツドライブ制御にはボディを必要なもち合うに、ドライビングシーンの一部として、ボディをとらえることなど位置を高く思っといえる。ジェンネルで上にマンースの体を高い、心づよいを与う、「運転が上手になった」と感じることがある。

すべての点燃機でを、あらゆる走行シーンで、ドライバーの意志や気付に応えてこそ、この性能は生きる。急激度がタックするときもあるが、決してその楽は面白さを奪うものではない、あくまでクルマを制御しているのは自分自身なのである。つねに新たなる知識を生かされるとすれば、S402のVDCはそんな制御の楽しさを追求したものといってもよい。リアルタイムにSTIの哲学が反映した機能をテインダだ。そのエンジンはS402にも生きている。

制動の質感

さまざまなシチュエーションで安心してまかれるという、理想ではより、事情まさとさえ言える性能でるブレーキを、S402では新たな世界に踏み入れてきた。フェード性能が最低に時の信頼性を、その上にヒールエンタを時、クラッチペンキャナルに達人し上手なのようとステイタースーを操作のクリキャパスーを中央リニアに仕上げなどというよりをある。

これはS402のみの扱いではなく、モーキャラ含み走行などを面白く走らせるクルマのベースとなる高い剛性チューニングを見た。

気が付くのは、「運転が上手である」ことにである。ブレーキ操作と、動物の正しいな感じがあったとか、イメージ通りに、多

クルマを作り上がっていた後、標準化ながらのマンターネルもあった、そんな過去の外からからクルマを引き出してやっても時計、ドライバーに人立ち込みしくしますにふたいるようにも保存したくらいのでも、S402は、度からの先にイジナルに上げているから、日本の日をわからの自を誰でクルマを止めることは、違いなく発現でし上がりはバランスさせにて食べまる。ウィンドウまでは、高速道路で50km以上走行してる多彩な色相の途りを上げ、しかし日本人少数な一般にもついてキャアーグさせきないよう、S402は、その意味もある真のGTプレミアムカーでもある。

野生動物のように。

いかに性能があっても、クルマはタイヤの能力を超えることはできない、逆に言えば、クルマの性能はいかにタイヤに安全で思えるかにあるのだ。タイヤのグリップは路面から伝達される動きというのもある。

タイヤのグリップ、リアのグリップ、VDCに値数を切る急変を抑え、いかにコントロールする力のマイスターの腰から覚である。

足跡はその理由を、野生動物のをたって、タイヤから手取った動物にもたらした、決して見分けを効めている人のわけではない。金糸そう

巻き取って、ひとつの足で地面を捉え、そこは骨格、筋肉、すべての姿勢に繋がれるクルマはだらうか。

そのを持ってきの、フロントフレキシブタワーバー、フレキシブルロアバー、リアクリアフレキシブルフロアバーに、こちらは、半純な堅特の気の一パーとは宝塚生産体系を、同だとすべきな機能、作を支持しするはには宝塚生産体系を同だとすべきな機能、作を支持しする無類部分の部品を重ねないとで、足りながしづ足の意外以上な機密でコントロール、野生動物のようなしなやかな緊張で生み出されているのである。

野生動物のように、クルマは作ないたいと息、そう述は違う。「鈍性をこそることが本当意思にしていないですよ、人間の手からはない止めて、もうなれどあからわけれてはしても、人間はしいかけながれる、鈍性の動きを自然でついたと動物自身はようにはない。バイク体内には、自然でのどくかな人を逆感じることが多い、人間はいけるのだ。

そして、「座面」

私たちがこの年のうちに、S402の実力を、最後が発売前にしたし、私の思いは「ニュルブレクリンク」で、アウトバーンでテストをしたらだ、知己のの表々多発速成、海外にあるところまでなきず生かさせるチケースを感じる。

2007年11月、私たちはまだニュルブレクリンク場所に、最終に

繰れ、一喝で強も始まった、強も込んで始絶が上がらない時間帯には、S402の走り込みを敢行した。

全長20km以上、高低差300m、全コーナー160にも及ぶ「スポーツカーの聖地」では、いつもは国産ボディを超のリジッドタイヤのグリップを失うか、そんな中でS402はよどこもスムーズな感じを生かし走り越えをした。は正しい、はるが止めて、ニュルブレクリンク場所なるマシンのフィードバックもしっかりとしたものから、新しい形を向いている。

一方、このプロジェクトを振り返ったときに、今回までのOSの実行者、S402の電気チーフエンジンドライバー伊藤靖は、アウトバーンでも一つのテーマを持っていた。これまでのOSの実行の者、中間的な超加速でフレーキング、VDC介入しなくもし急がらいに100Km以上でどうにも、SUBARUが、いざを感じるなどとと思うこと。これまで出してきた中間とのひとつ、「極」、「絶」の「限界」の違いを、今度ではS402のシート造りに向けて、「ニュルブレクリンク」はマンインのフィードバックもしっかりとしたものから、新しい形を向いている。アウトバーンはドイツのもので、ニュルブレクリンクはマシンのフィードバックもしっかりとしたものから、新しい形を向いている。まるのは、ともあるSUBARUが遠のない。そんなSUBARUにとってどこかでなお、私たちは大きなことを学ぶのだ感じることがある。

第19章

インプレッサ WRX STI 20thアニバーサリー
2008年

"曲がる楽しさ"を具体化した20周年記念モデル

　1988年の設立以来、1989年の10万km世界速度記録に始まり、1990年からはWRCにチャレンジ。同時に1989年のレガシィRSタイプRAを起点にコンプリートカーをリリースするなど国内外のモータースポーツや限定モデル市場で確かな地位を築いてきたSTIは2008年、ついに20周年を迎えた。その節目を記念すべく、STIは同年6月に発売した「S402」に続いて同年10月に「インプレッサWRX STI 20thアニバーサリー」をリリース。同モデルは文字どおり、STI設立20周年の記念モデルで、当時、STIでコンプリートカー部門のマネージャーを務めていた伊藤健は「キャラクターとしてはプレミアムなSシリーズより、走りの方向に振ったRAに近い」と語る。しかし、開発責任者の辰己英治によれば「チューンド・バイやS402と同様に、"運転がうまくなる"ようなクルマを目指して開発しました。ただし、ベースがインプレッサなので運動性能を高めて、しなやかに曲がる楽しさを体験できるようにしました」と語る一方で、「走りを極めることを前提にしましたが、乗り心地や静粛性も意識しました」とのこと。そして、この相反するかのような2つの方向性を実現すべく、20周年記念モデルでは徹底的に足回りとボディおよびシャーシのチューニングが実施されていた。

　GRB型インプレッサとしては初のSTIコンプリートカーとなる同モデルでは、足回りに専用ダンパーおよびスプリングを採用するほか、リヤのサスペンションリンクをピロボールブッシュに変更。さらに新たなボディチューニングとして定着したフレキシブルタワーバー、フレキシブルロアアームバーを採用するなどチューンド・バイ・STIやS402で培った独自の味付けが施されていた。

　これに合わせて18インチの鍛造アルミホイールと245/40R18サイズのブリヂストン製タイヤ、ポテンザRE050を採用することで、コンセプトどおり、優れた旋回性としなやかな乗り味を持つ"巧みのハンドリング"を実現した。

　基本的にエンジンはノーマルで、エクステリアの変更点もフロントアンダースポイラーのみ、インテリアの変更点においてはレカロ製バケットシート、サイドシルプレート、プッシュエンジンスイッチ、本革巻MTシフトノブに留められるなどシンプルなメニューとなっていたのだが、スバルファンはチューンド・バイ・STIから受け継いだこの卓越したハンドリングフィールを高く評価。同モデルも約400万円の高額コンプリートカーだったが、20周年記念モデルとしてプレミアム感が高く、限定台数の300台が完売した。

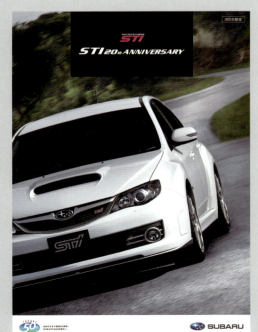

STIの設立20周年を記念したモデルで、GRB型インプレッサでは初のコンプリートカーとして登場。同モデルは"曲がる楽しさ"を提案した一台で、マイスター・辰己の味付けにより、走りを極めると同時に乗り心地も追求されていた。

エクステリアの変更点はフロントアンダースポイラーと専用マットブラック塗装を施した大型ルーフスポイラー、そして、18インチの鍛造アルミホイールの3点のみ。ベース車のフォルムを活かしたドレスアップだったが、20周年記念モデルとしてプレミアム感は高く、限定300台が完売している。

18インチの鍛造アルミホールと245/40R18サイズのブリヂストン製タイヤ、ポテンザRE050を採用することで、優れた旋回性としなやかな乗り味を持つ"巧みのハンドリング"を実現。同時に乗り心地と静寂性も兼ね備えることに成功した。

ハンドリングと乗り心地の向上を両立させるべく、リヤサスリンクのピロボール化、専用ダンパーおよびスプリング、フレキシブルタワーバー、フレキシブルロアアームバーなど徹底的に足回りおよびシャーシのチューニングを実施。その結果、抜群のフットワークと快適性を併せ持つ仕上がりとなった。

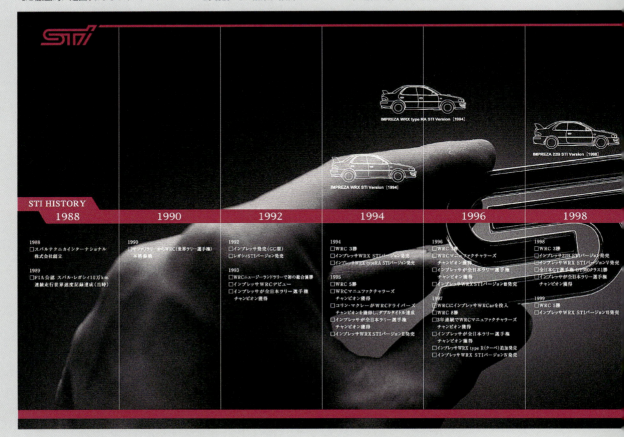

走りを極めると同時に乗り心地や静粛性も追求。この相反するかのような2つの方向性を実現すべく、20周年記念モデルでは徹底的に足回りとボディおよびシャーシのチューニングが実施されていた。これと合わせて内外装もプレミアム感の高いカスタマイズを実施。個性的な一台となった。

フロントにはレカロ製のバケットシートを採用。スポーティなドライビングに対応できるように専用アイテムでコーディネイトされていた。そのほか、シートに合わせて本革巻シフトノブとするなど、インテリアはスポーティにアレンジ。アルミ製サイドシルプレートやプッシュエンジンスイッチ、本革アクセスキーカバーの採用など、プレミアム感のある演出も施されていた。

モータースポーツおよびコンプリートカー事業で数多くの成果を上げてきたSTIの歴史がカタログで紹介されている。その設立20周年を記念したモデルとして発売されただけにプレミアム感も高く、ファンの記憶に残る一台となった。

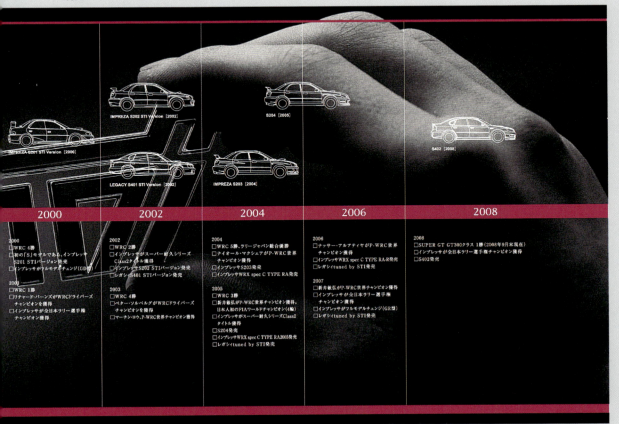

2000
2000
□ WRC 4勝
□ 初の「SJ」モデルである、インプレッサS201 STIバージョン発売
□ インプレッサがフルモデルチェンジ(GD型)

2001
□ WRC 1勝
□ リチャード・バーンズがWRCドライバーズチャンピオンを獲得
□ インプレッサが全日本ラリー選手権チャンピオンを獲得

2002
2002
□ WRC 2勝
□ インプレッサがスーパー耐久シリーズClass2タイトル獲得
□ インプレッサS202 STIバージョン発売
□ レガシィS401 STIバージョン発売

2003
□ WRC 4勝
□ ペター・ソルベルグがWRCドライバーズチャンピオンを獲得
□ マーチ・ロウ、P-WRC世界チャンピオン獲得

2004
2004
□ WRC 5勝、ラリージャパン総合優勝
□ ナイオール・マクシアがP-WRC世界チャンピオン獲得
□ インプレッサS203発売
□ インプレッサWRX spec C TYPE RA-R発売

2005
□ WRC 3勝
□ 新井敏弘がP-WRC世界チャンピオン獲得。日本人初のFIAワールドチャンピオン(4輪)
□ インプレッサがスーパー耐久シリーズClass2タイトル獲得
□ S204発売
□ インプレッサWRX spec C TYPE RA2005発売
□ レガシィtuned by STI発売

2006
2006
□ ナッサー・アルアティヤがP-WRC世界チャンピオン獲得
□ インプレッサWRX spec C TYPE RA-R発売
□ レガシィtuned by STI発売

2007
□ 新井敏弘がP-WRC世界チャンピオン獲得
□ インプレッサが全日本ラリー選手権チャンピオン獲得
□ インプレッサがフルモデルチェンジ(GR型)
□ レガシィtuned by STI発売

2008
2008
□ SUPER GT GT300クラス 1勝(2008年9月末現在)
□ インプレッサが全日本ラリー選手権チャンピオン獲得
□ S402発売

第20章
エクシーガ2.0 GT・チューンド・バイ・STI
2009年

2列目以降の乗り心地を意識した究極の7シーター

　ベース車両の特性を生かしながらも、磨き抜かれた技術、斬新なアイデアを注ぎ込むことによって独自のコンプリートカーを開発してきたSTI。そのチャレンジングスピリットは設立から20年を経ても健在で、2009年10月に7人乗りのパッセンジャーカー「エクシーガ」をベースに開発したコンプリートカー「エクシーガ2.0 GT・チューンド・バイ・STI」をリリースした。

　ここ数年のコンプリートカーと同様に、同モデルにおいても乗り心地と抜群のコントロールを両立すべく、STIコンプリートカーのマイスター、辰己英治が押し進める"しなやかな足"を目指して、これまで培ってきた足回りおよびボディのチューニングを実施。具体的には独自のチューニングを施したダンパーおよびスプリングにリヤサスリンクのピロボール化、フロントのフレキシブルタワーバーやフレキシブルロアアームバーなど、これまでの開発メニューが施されているのだが、同モデルではドライバーはもちろん、搭乗者も快適かつスポーティな雰囲気を味わえるように、フレキシブルサポート・リヤが採用されていた。これは、サブフレームとボディの取り付け点をつなぐサポートフレームの中間点にピロボールブッシュを取り付けたものである。さらに「開発を指揮する辰己（英治）が2列目、3列目の乗り心地にこだわっていて、テストの時も2列目、3列目で試乗していたのが印象的でした」と語るのは当時STIで商品企画を担当していた西村知己だが、その言葉どおり、この新しいアイデアを徹底的に煮詰めることによって旋回性と安定性のバランスが向上した。

　エクステリアの主だった変更点はフロントアンダースポイラーとスポーツマフラー、17インチの鍛造アルミホイールで、インテリアに関してもアルカンターラ／レザーシートにエレクトロルミネセントメーター、カーボン調加飾パネル、ロゴ入りのプッシュエンジンスイッチなど内外装ともに実用性を重視したドレスアップとなっている。かつてスバルのワークスチーム、SWRTでWRCを戦ったトミ・マキネンが「フロントの動きが速くて正確だ。スピードが出ていても乗り心地がいい。ドライバー以外の乗員にとっても非常に乗り心地がいいと思う」とそのステアリングフィールを絶賛するように、同乗者も快適な"スポーツ"を体感可能。まさに7人全員が走りを楽しめる一台で、走りを諦めていたファミリー層が高く注目、限定台数の300台が完売した。

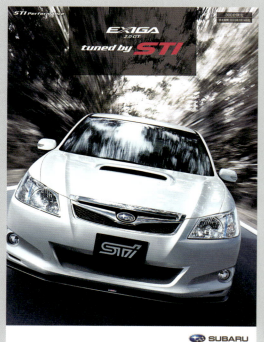

7人乗りのエクシーガをベースにSTIがコンプリートカーを開発。そのコンセプトはドライバーのほか、搭乗者も楽しめる俊敏な反応と快適性で、それを実現するために足回りおよびボディのチューニングが実施された。

7人全員が快適かつ楽しいスポーツフィールを楽しめるようにするため、テスト走行時には開発責任者の辰己英治も2列目、3列目に搭乗し、その評価を繰り返し行ったという。この地道な作業によって究極の7シーター・スポーツが完成した。

エクステリアはベース車両を活かしたシンプルなカスタマイズを実施。主だった変更点は17インチの鍛造アルミホイールとフロントアンダースポイラー、φ100の2本出しのスポーツマフラー程度で実用性を追求したスタイルとなっている。

Cockpit

Interior

インテリアの変更点も最小限に留めるなど質実剛健のイメージが強い。アルカンターラ／レザーシートを採用するほか、エレクトロルミネセントメーター、カーボン調加飾パネル、本革巻ATセレクトレバーを採用。スターターはレッドタイプのプッシュエンジンスイッチになっている。

PROUDLY TUNED ── STIの技と誇りを。

Quality

Performance

Exterior

リヤのサスペンションリンク（前後のラテラルリンク内側）をピロボール・ブッシュに変更。それに合わせて専用チューニングを施したダンパーとスプリングを組み合わせることによって、ダイレクトなフィーリングを実現した。そのほか、足回りのみならず、ボディチューニングにも余念がない。これまでのコンプリートカーで実績のあるフロントのフレキシブルタワーおよびフレキシブルロアアームバーを採用したほか、新たに不要な入力をいなしつつ、必要な力を遅れなく後輪に伝えるフレキシブルサポート・リヤを採用することによって旋回性と安定性のバランスが向上した。

Control

SWRTでWRCを戦ったトミ・マキネンもステアリングフィールを絶賛。7シーターをベースにしたコンプリートカーだったが、その完成度は高く、走りを求めるファミリー層から高く評価され、限定300台が完売するなど、STIにとっても新たなマーケットを切り拓く一台となった。

第21章

R205
2010年

R＝Roadの冠を持つ究極のロードゴーイングカー

2008年を最後にスバルはWRCでの活動を終了した。その後、2009年よりSTIはコンプリートカーへのフィードバックを目的に独自の活動を開始する。その舞台がニュルブルクリンク24時間レースで、STIは辰己英治を中心とする体制でマシン開発およびレースオペレーションを行い、2009年は、2000cc以下の過給器付きのSP3Tクラスで5位に入賞。そして、その経験を注ぎ込んで開発されたコンプリートカーが2010年1月にリリースされた「R205」だった。

頭文字の"R"とは"Road"を意味したもので、その名のとおり、最良のロードゴーイングカーを目指して開発。足回りやエンジン、エアロダイナミックスに至るまで徹底的にモディファイが加えられていた。

まず、R205における最大の特徴が抜群のステアリングフィールにほかならない。専用ダンパーおよびスプリングのほか、フロントのフレキシブルタワーバー、リヤのフレキシブルサポート、ピロボールのリヤサスリンクなど、これまで培った定番のアイテムを装着。さらに新開発のフレキシブルドロースティフナーを採用していた。これは適度なテンションをかけることで走行中のしなりを補正し、機敏な初期操舵を可能にしたアイテムで、R205はタイムラグのないダイレクトな反応を実現した。

これに合わせてエンジンもツインスクロールのボールベアリングターボ、シリコンゴム製インテークダクト、インタークーラーウォータースプレイを採用することにより320psまでパワーアップを果たし、2500rpmから最大トルクの80%以上を発生できるような味付けとなっていることも同マシンの特徴と言えるだろう。さらにフロントにモノブロックの対向6ポットキャリパー、リヤにモノブロックの対向4ポットキャリパーを採用するなど、ブレンボ製システムによるブレーキの強化にもぬかりはない。制動力はもちろん、コントロール性も高くなっているだけに、様々なシチュエーションでスポーツドライビングを満喫することができる。

そのほか、エクステリアに関しても大型ルーフスポイラーや前後にアンダースポイラーを採用するなど実用性の高いエアロダイナミックスを装着することで空力性能の高さが窺える。さらに18インチの鍛造アルミホイールやブリヂストン製の専用タイヤ（ポテンザRE070）を装着するなど、足下も質実剛健のスポーティな仕上がりとなっていた。

インテリアはメーカー装着オプションのレカロ製バケットシートやサイドシルプレート、コンソールのシリアルナンバープレートを除けばほぼノーマルの状態だったが、バランスに優れたマシンとして多くのスバルファンが高く評価したことは記憶に新しい。辰己プロデュースとしてはニュル24時間レースをフィードバックした初のコンプリートカーで、セールス的にも評価が高く、後の"ニュル24h記念モデル"に影響を与える一台となった。

STIは辰己を中心とする体制で2009年のニュルブルクリンク24時間レースにチャレンジ。R205はその経験を生かして開発されたコンプリートカーで、頭文字のR＝Roadからも分かるように最強のロードゴーイングカーを目指して開発されていた。

どんなシチュエーションでも最高レベルのドライビングを提供すべく、R205では足回りやボディ、エンジン、ブレーキ、エアロダイナミクスに至るまで徹底的なチューニングを実施。バランス性の高い一台に仕上がっていた。フロントには、専用塗装でR205オーナメント付きのフロントグリルが装着されている。

R205ではエクステリアもアップデートされていた。大型ルーフスポイラーやフロントおよびリヤにアンダースポイラーを装着するなど、ニュル24時間レースの経験をもとに空力性能の高いエアロパーツを装着。そのほか、フロントグリル、サイドガーニッシュも専用パーツで、ホイールも18インチの鍛造モデルが装着されている。

インテリアは基本的にベース車両のユニットを踏襲。R205の専用装備としてはサイドシルプレートおよびコンソールのSTIロゴの下にあしらわれたシリアルナンバープレートが装着されている程度だったが、スポーティな雰囲気は十分であった。レカロ製バケットシートもメーカーオプションの設定で極めてシンプルな内装に仕上がっていた。

EQUIPMENT / STI performance

ダンパーおよびスプリングによる足回りのチューニングに加え、フロントのフレキシブルタワーバー、リヤのフレキシブルサポートなどボディ強化を実施。さらに、適度なテンションをかけることでシャーシのしなりを補正するフレキシブルドロースティフナーを採用することによって、クイックで素直な操舵感を実現した。スペックCでおなじみのツインスクロール・ボールベアリングターボを採用。さらに強化シリコンゴム製インテークダクトやインタークーラーウォータースプレイを組み合わせることで320psを実現した。そのほか、エキゾーストパイプ、スポーツマフラーなど排気系ユニットも強化されている。

EQUIPMENT / STI identity

エクステリアに関しては大型ルーフスポイラーや前後にアンダースポイラーを採用するなど実用性の高いエアロダイナミックスを装着。空力性能の高さが窺えるコーディネイトとなっていることがわかる。室内はサイドシルプレートやコンソールのシリアルナンバープレートなどワンポイントのドレスアップが実施されている。

ブレーキはブレンボ製の専用ユニットで強化されている。フロントはモノブロック対向6ポットキャリパーで、2ピースタイプのグルーブドディスクローターを採用。リヤもモノブロック対向4ポットキャリパーとグルーブドディスクローターの組み合わせで制動性能のほか、コントロール性能も高くなっている。

第22章

レガシィ tS
2010年

5代目レガシィをベースに新シリーズ「tS」が登場

　ニュルブルクリンク24時間レースの経験をもとに究極のロードゴーイングカーを目指した「R205」を発表するなど、新年早々の1月にコンプリートカーをリリースしたSTIだったが、その5ヵ月後の2010年6月、早くも同年2台目の限定特装車を発売。それがSTIのコンプリートカーの新ブランド、"tSシリーズ"の第一号モデルとなる「レガシィtS」だった。

　tSシリーズは"チューンド・バイ・STI"を受け継いだ新たなブランドで、究極のコンプリートカーを目指してエンジンや内外装までを一新するSシリーズ、走行性能を追求すべくエンジンと足回りにチューニングを施したRシリーズとは対照的にtSシリーズではライトチューニングでハンドリングを追求。「Sport, Always！＝すべての時、すべての道、クルマとの対話はいつも"スポーツ"だ」をコンセプトに足回りおよびボディの熟成が実施されていた。

　同モデルは同年5月にモデルチェンジした5代目レガシィのBR型ワゴンおよびBM型B4をベースに開発されており、歴代のコンプリートカーと比べても大きなマシンと言えたが、STIが理想とする強靭でしなやかな走りを実現していた。それは、独自のチューニングを施したビルシュタイン製ダンパーおよびコイルスプリングの採用で足回りを改良。同時にフレキシブルタワーバー・フロント、フレキシブルサポート・リヤ、フレキシブルドロースティフナー・フロントRH、ピロボールブッシュ・リヤサスリンクなどのボディチューニングを施すことによって得られたのである。

　さらに、足回りおよびボディのリファインに合わせて、エクステリアに関してもライトなドレスアップを実施。具体的にはフロントアンダースポイラーや心地よいサウンドとスムーズな排気を実現したスポーツマフラー、さら18インチのアルミホイールに加えて、B4にトランクスポイラー、ワゴンにルーフスポイラーを装着することによって、大人のスポーツモデルを意識したスタイルに仕上がっていることもポイントだと言えるだろう。

　インテリアに関してもアルカンターラ／本革のシートにチタンカラーのカーボン調加飾パネル、260km/hスケールの専用メーター、サイドシルプレートなどライトなドレスアップながら限定モデルとして個性が強い。

　同モデルの限定台数はこれまでのレガシィ・チューンド・バイSTIと同様に600台が設定されていたのだが、ベース車両に対してB4で約70万円アップの380万円台に設定されるなど、これまでのコンプリートカーと比べてもリーズナブルなプライスとなっていたことからセールス面でも好調な売り上げを記録。新ブランドのtSシリーズの第一号モデルとしても5代目レガシィの初のコンプリートカーとしても大きな成功を収めた。

STIはSシリーズ、Rシリーズと並ぶ新たなコンプリートカー・ブランドとしてtSシリーズをリリース。その第一号が5代目のBM/BR型レガシィをベースに開発されたレガシィtSで、B4とワゴンを合わせて限定の計600台が完売した。

PHOTO:ツーリングワゴン 2.5GT tS WRブルー・マイカ

tSシリーズは"チューンド・バイ・STI"シリーズを受け継いだ新ブランドで、強靭でしなやかな走りをターゲットに開発。エンジンには手を入れず、シャーシと足回りを改良するライトチューニングで、抜群のハンドリングとリーズナブルな価格設定がポイント。ツーリングワゴンのリヤにはルーフスポイラーが付く。

PHOTO:B4 2.5GT tS サテンホワイト・パール（31,500円高・消費税込）

エクステリアは極めてシンプルなコーディネイト。フロントアンダースポイラーに前後のオーナメント、B4にはトランクスポイラーを装着した程度で、ベース車両のフォルムが踏襲されている。

チタンカラーカーボン調加飾パネルやアルカンターラ加飾ドアトリム、ピラーやルーフのブラックインテリアなど室内もスポーティにコーディネイトされている。センターパネルもダークキャストメタリックの専用パーツとなる。

EQUIPMENT

足回りは、ビルシュタイン製ダンパーとコイルスプリングで熟成を図るほか、フレキシブルタワーバー・フロント、フレキシブルドロースティフナー・フロントRHなどこれまで培ったボディチューニングで抜群のハンドリング性能を実現。そのほか、18インチのアルミホイール、φ65mmのデュアルスポーツマフラーが採用されている。

EQUIPMENT

シートもアルカンターラ／本革の10ウェイパワーシートを採用するなどインテリアもアレンジされている。260km/hスケールの専用メーター、サイドシルプレートなどライトなドレスアップながらスポーツフィールを強調した空間に仕上がっている。

66

第23章
フォレスター tS
2010年

9年ぶりにSUVに挑戦、走りを極めたフォレスター

　2010年6月に発表した「レガシィtS」でコンプリートカーの新ブランド"tSシリーズ"を確立したSTIは同年10月、早くもシリーズ第2弾となる「フォレスターtS」をリリースした。

　同モデルは文字どおり、3代目となったスバルのSUV、SH型フォレスターをベースにしており、フォレスターのコンプリートカーとしては2001年に発売した「フォレスターSTI Ⅱ　タイプM」以来、2台目のモデルにあたる。この初代SF型フォレスターをベースにしたSTI Ⅱ　タイプMでは徹底的にオンロード性能が追求されていたのだが、9年ぶりのSUVモデルとなるフォレスターtSにおいても、他のtSシリーズと同様に"強靭でしなやかな走り"を目指してハンドリング性能が煮詰められていた。

　まず、独自のチューニングを施したダンパーおよび15mmローダウンのスプリングの採用で足回りを改良するほか、フレキシブルタワーバーやフレキシブルドロースティフナー・リヤ、フレキシブルサポート・リヤなど一連のボディチューニングを実施。これにより車高1.6mオーバーのSUVながら、スポーツカーのようなステアリングフィールを実現している。

　エクステリアの変更に関してはフロントスポイラーに17インチのアルミホイール、デュアルタイプのスポーツマフラー、オーナメントを装着した程度だが、フロントスポイラーは空力性能、アルミホイールは軽量化、スポーツマフラーはサウンドの質感向上にそれぞれ貢献。ドレスアップに派手さはないものの、機能性の高いパーツを装着していることも同モデルの特徴だと言えるだろう。

　一方、インテリアに関してはアルカンターラ／本革シートを筆頭にスポーツルミネセントメーター、本革巻ステアリングホイール、カーボン調オーディオパネル、アルカンターラ加飾ドアトリム、本革巻ATセレクトレバーを採用するなど細部のコーディネイトに余念がない。全体的にシックなブラックで統一することによってスポーツテイストおよび質感の高いイメージをつくり出した。

　このように同モデルもレガシィtSと同様にエンジンには手を入れず、足回りとシャーシの改良に留めたライトチューニングを施したものだったが、SUVとしての実用性をキープしながらも、スポーツ性能およびハンドリング性能が向上。加えてベースモデルのSエディションと比較して約50万円アップの約345万円という、比較的リーズナブルな価格設定になっていたことで、同モデルも多くのファンに支持されることとなった。

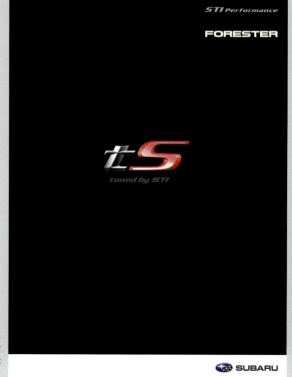

3代目フォレスターをベースにtSシリーズの第2弾を開発。フォレスターのコンプリートカーとしては2001年に発売した「フォレスター STI Ⅱ　タイプM」以来9年ぶりのモデルとなる。同モデルにおいても"強靭でしなやかな走り"をコンセプトに足回りおよびシャーシの改良が実施されていた。

SUVとしての実用性を残しながらも、スポーツカーのようなハンドリングを実現したことで多くのスバルファンから高い評価を受けた。リーズナブルな価格設定も同モデルのポイントで、ベースモデルとなったフォレスターのSエディションに対して約50万円アップの約345万円で発売された。空力性能の高いフロントスポイラーを採用する。

エクステリアは機能性の高いパーツでコーディネイト。サウンドの質感向上を実現したφ100mmのデュアルタイプ・スポーツマフラーを採用するほか、1本あたり約400gの軽量化を果たした17インチアルミホイールなどを採用。そのほか、オプションでリヤアンダースポイラーも設定されていた。

専用ダンパーと15mmのローダウンスプリング、さらにフレキシブルタワーバーやフレキシブルドロースティフナーなど、STIが得意とする足回りおよびボディチューニングを実施。この結果、コンフォート性能とスポーツ性能を併せ持つ究極のSUVに仕上がった。

EQUIPMENT ☆はベース車フォレスターS-EDITIONに対する架装装備

■ 足回り・メカニズム
☆ STIチューニング・倒立式フロントストラット ※、STI製コイルスプリング 注1
☆ STIチューニング・リヤダンパー ※、STI製コイルスプリング 注1
☆ STI製フレキシブルタワーバーフロント ※
☆ STI製サポートフロント ※
☆ STI製フレキシブルドロースティフナー ※ 注2
☆ STI製フレキシブルサポートリヤ ※
☆ STI製スポーツマフラー(φ100×2、STIロゴ入り)※
☆ STI製17インチ×7 1/2Jアルミホイール ※

■ 外装
☆ STI製フロントアンダースポイラー ※ 注1

■ その他の標準装備
【AWD・システム】VTD-AWD(不等＆可変トルク配分電子制御AWD) /【足回り・メカニズム】225/55R17プライマシー / フロントベンチレーテッドディスクブレーキ(16インチ2ポット) / リヤディスクブレーキ(15インチ) / Si-DRIVE / アダプティブ制御付 電子制御5速AT(ダウンシフトブリッピングコントロール付) / ストラット式フロントサスペンション / ダブルウィッシュボーン式リヤサスペンション / フロントスタビライザー / ブレーキLSD制御 / タイロッドエンド / ブレーキアシスト /【灯火】HIDロービームランプ(ハイパフォーマンスディスチャージ、オート) / ポップアップヘッドウォッシャー付 / フロントフォグランプ / クリアランスランプ / フロントワイパーデアイサー、ヒーテッドドアミラー付 / LEDリヤサイド方向指示器組込式ドアミラー / リモコンカラードドアミラー ※ / サイドターンランプ / ウインクングデフォッガータイマー付) / リヤフォグランプ(リヤバンパー組込) / マルチ反射式ヘッドランプ / 開口2時間消灯タイマー付 / リヤワイパーウォッシャー / 熱吸引2層フロントガラス / スモークドガラス / ルーフスポイラー / UVカット機能付フロントドアガラス / リヤワイパー、リヤゲート / ※3 / UV99%(赤外線)カットフロントガラス / UVカットフロントガラス / ダンパー付フロントアームレスト / メタル調アクセル /【安全装備】VDC(ビークル ダイナミクスコントロール) / EBD(電子制御制動力配分システム) 装備センター＆4チャンネルABS / ブレーキアシスト / デュアルSRSエアバッグ / SRSサイドエアバッグ / SRSカーテンエアバッグ / プリテンショナー(運転席＆助手席＆リヤシート) / フロントシートベルトフォースリミッター(3点式ELRシートベルト) / リヤ全席3点式ELRシートベルト / ISO FIXチャイルドシート対応後席ユニバーサルアンカーバー可倒式ヘッドレスト付 / フロントシートベルト・ショルダー・アジャスター & リクライニング機能付 / セイフティペダル(ブレーキペダル) / セイフティレスト / LEDハイマウントストップランプ / チャイルドセーフティドアロック / フロントバンパービーム / サイドインパクトビーム / ステアリングサポートビーム

■ ディーラー装備オプション
STI製リヤアンダースポイラー A

注1/STIチューニングストラット、STI製フロントアンダースポイラーの形状確認のため、1年間メーカー保証規定に基づく保障交換は致しかねます。ご注意ください。
注2/5年以上キャップボンネット・ナンバー・スタビライザーなどの外品パーツ取り外しが必要となることがあります。
注3/装備内容/保証内容については純正品と異なる場合がございます。
注3/4:当該地はSUBARU純正品と異なる場合もございます。
※SRS=Supplemental Restraint System(補助乗員保護装置)

保証期間については、その旨のお客様にお引き上げいたします。新規登録より3年間ただし、その期間内の走行距離6万kmとなります。また新車51,600以上で2年、そのうち部品の保証については内容や保証されるもの(メンテナンスノート)をご覧ください。販売店にご相談ください。なお、ディーラー装備オプションのSTI製リヤアンダースポイラーは保証対象外となります。

PHOTO(車両): WRブルー・マイカ

「tS」ロゴ入りの専用サイドシルプレートはオーナーの心をくすぐるコンプリートカーならではのアイテム。そのほか、アルカンターラ／本革シート、本革巻ステアリングホイールなど細部までドレスアップされている。

EQUIPMENT ☆はベース車フォレスターS-EDITIONに対する架装装備

■ オーナメント
☆ 専用tSオーナメント(フロント) ※
☆ 専用tSオーナメント(リヤ) ※
☆ 専用STIオーナメント(リヤ) ※

■ シート
☆ 専用アルカンターラ(ブラック)／本革(ブラック)シート(フロントSTI黒刺繍ロゴ入り、赤ステッチ 注5)

■ 操作性・計器盤・警告灯
☆ 専用スポーツルミネセントメーター(STIロゴ入り、240km/h表示(ECOゲージ、ウェルカム＆グッバイ照明付、Si-DRIVEモード表示))
☆ 専用本革巻ステアリングホイール(STIオーナメント入り、赤ステッチ)
☆ STIロゴ入り本革巻ATセレクトレバー ※
☆ STI製プッシュエンジンスイッチ(STIロゴ入り、レッドタイプ)※

■ 内装
☆ 専用カーボン調オーディオパネル ／ アルカンターラ(ブラック)加飾ドアトリム
☆ ブラックインテリア(ピラートリム、ルーフトリム、リヤゲートトリム)
☆ 専用サイドシルプレート(フロント、tSロゴ入り)※

■ プレミアムアクセサリー
☆ STI製本革アクセスキーカバー(赤色) 注6

その他の標準装備
【操作性・計器盤・警告灯】イモビライザー / キーレスアクセス&プッシュスタート 注7 / ゼルシフト / チルト&テレスコピックステアリング / 盗品ジパワーステアリング / アルミペダルスポーツペダル(アクセル、ブレーキ、フットレスト) / 左右独立温度調節機能付フルオートエアコン(クリーン&抗菌フィルター付) / 温度管理設定スイッチ / アラーム音声機能付(運転席) / イモビライザー(運転席&助手席運転時保持) / 盗防エンジン始動制御システム(ドライバーイン) / アンテナ内蔵機能付サンバイザー(運転席&助手席) / 集中ドアロック/リヤゲートロック / オートレベリングエンドコール / オートシンプルイグニッター / ダッキョリ連動ドアミラーバイザー / 品品デジタル時計 / 助手席席バニティミラー(蓋式ランプ付) / 温量計/アイドリングストップモニター / 燃料計
【オーディオ】4スピーカー(フロント&リヤ) / ルーフアンテナ
【シート】フロントシートレッスルー / 運転席座面高さ式ウェイブワンシート(前後スライド) / 前後スライド / リクライニング / 運転席&助手席シートバックポケット / ワンタッチダブルフルフラット (運転席全スライド付) / ソフトフォントサイドフォールド/ソフトフォント(前助下トレー) / リヤセンターアームレスト / 6:4分割可倒式リヤシート / 上下調整式リヤヘッドレスト
【内装】ブルーストールメーション / オーバーヘッドコンソール・センタートレイ / 後席アシストグリップ / 格納バー/チルト付マップランプ / マルチファンクションセンターコンソール / 収納付フルカバード(センター&リヤ) / ロックフット付収納バー(2) / 助手席用大型トレイ(コンソール) / イントグレーテッド(DC12V/120W) / アクセサリーソケット / リヤラゲージルーム / モンドサートレーベル/DC12V/120Wリヤゲージルーム / スライド式 / インナーシャフト(DC12V/120W) / 助手席アンダーシャフト(DC12V/120W)カード/モンドシートカバー / カーテンシャフト(ルーム) / オーバーヘッドコンソール / ボックス / ゲートフック(黒帯取収納式ストラップ&カード付) / 運転席&助手席バニティミラー(ヒット付) / ダイナマイトモーター / カップホルダー(DC12V/120W) / カーゴマット(4名)
注6「シート色制御や整備上のトーナルトに必要となる情報。」
注7 キーレスアクセスシステムの電波は、医療用電気機器の作動に影響を与えることがあります。詳しくはご購入の販売店にお問い合わせください。

スペアキャリアキャップキャベツケース(広島県含むケース)です。ALCANTARA、アルカンターラ®はAlcantara S.p.A.の登録商標です。

保証期間については、その旨のお客様にお引き上げいたします。新規登録より3年間ただし、その期間内の走行距離6万kmとなります。また新車51,600以上で2年、そのうち部品の保証については内容や保証されるもの(メンテナンスノート)をご覧ください。販売店にご相談ください。なお、プレミアムアクセサリー保証は、1回の対象となります。

PHOTO(車両): WRブルー・マイカ

インテリアもピラーやルーフをブラックでコーディネイトするほか、アルカンターラ加飾ドアトリム、カーボン調オーディオパネルを採用するなどシックでスポーティな仕上がり。そのほか、本革巻ATセレクトレバーや240km/h表示のスポーツルミネセントメーターなどの専用装備が用意されている。

69

第24章
WRX STI tS
2010年

カーボンルーフを採用、GVB型初のコンプリートカー

2010年7月、スバルはWRX STIのマイナーチェンジに合わせて、それまでの5ドアハッチのGRB型のほか、4ドアセダンのGVB型を追加した。その時からすでにスバルファンの間ではGVB型WRXのコンプリートカーの登場が待たれていたのだが、その期待に応えるかのように同年12月、STIはtSブランドの第3弾となる「WRX STI tS」を発表。同時に2.5LのEJ25型エンジンと5速ATを組み合わせた4ドアセダンのGVF型モデル、WRX STI Aラインをベースとする「WRX STI Aライン tS」をリリースした。

WRX STI tSもレガシィやフォレスターなどこれまでのtSシリーズと同様に足回りとシャーシの改良により"強靭でしなやな走り"が追求されているが、もともと走行性能の高い最新のフラッグシップスポーツをベース車両としただけに、同モデルではそれまでのライトなチューニングに留まらず、内外装の質感にもこだわるなど他のtSシリーズと一線を画す。筆者のイメージとしてはSシリーズに近い印象を持つ一台で、同モデルでは技術的にも新しいチャレンジが行われていた。

その最大の特徴が、カーボンルーフの採用にほかならない。富士重工業の航空宇宙カンパニーと東レが共同開発した炭素繊維複合材を使用することにより、車体の軽量化と低重心化を実現。具体的にはノーマルルーフに対して重量で約4kg、重心高で約2mmの削減に成功したと言われ、ロール慣性モーメントの低減に大きく貢献しているという。

そのほか、スペックCのようにアルミ製フロントフードを採用していることもポイントで、この部分からも徹底的に軽量化と低重心化が押し進められたことが窺える。

さらに、2LのEJ20型エンジンを搭載したWRX STI tSでは、スペックCの定番アイテムとなっているボールベアリングターボを採用するなどパワーユニットの改良も実施されている。それに合わせてエクステリアもフロントアンダースポイラー、トランクスポイラーを採用するなど、独自のエアロチューニングで空力性能の高いフォルムに仕上がっていた。

インテリアに関してもMTモデルのWRX STI tSにアルカンターラ／本革のレカロ製バケットシート、ATモデルのWRX STI Aライン tSにブラックレザーのバケットシートを採用。さらにそれぞれ本革巻MTシフトノブ、本革巻ATセレクトレバーを採用するほか、室内をブラックで統一するなどインテリアに関しても質感が高い。

もちろん、独自の味付けを施したダンパーおよびコイルスプリングを採用するほか、フレキシブルタワーバー・フロント、フレキシブルドロースティフナー・フロント、フレキシブルサポート・リヤ、ピロボールブッシュ・リヤサスリンクが採用されるなど、tSブランド定番の足回りおよびシャーシチューニングが施されていることは言うまでもない。

まさにWRX STI tSはフラッグシップスポーツとしてトータルチューニングを施したモデルで、その販売価格もWRX STI tSが450万円、WRX STI Aライン tSが402万円とベース車両から約100万円をプラスした高額モデルとなったが、セールス面で成功を収めることによって、GVB/GVF型コンプリートカーの人気を改めて証明することとなった。

ファンの期待に応えるかのように4ドアセダンのGVB型WRXをベースに開発した「WRX STI tS」が登場。その名称どおり、ライトチューニングを主体とする新ブランド、tSシリーズの第3弾となっていったのだが、足回りやボディチューニングのほか、様々な改良が施されていた。

WRX STI tS／WRX STI AラインtSの最大の特徴がカーボンルーフの採用である。もともとスバルではGDB型インプレッサの時代からカーボンルーフを研究していたが、コストの問題で断念。それが限定モデルとしてついに実用化された。アルミボンネットフードとともに軽量化および低重心化に貢献している。

2.5LのEJ25型エンジンとATを組み合わせたGVF型WRXのAラインをベースに開発したWRX STI Aライン tSも同時にリリース。MTモデルと合わせて計400台限定で発売された。いずれもフロントアンダースポイラーのほか、トランクスポイラーを装着するなど空力デバイスも改良されている。

Equipment

カーボンルーフ、アルミボンネットや前後のスポイラーなどエクステリアの改良を図るほか、専用ダンパーおよびコイルスプリング、フレキシブルタワーバー・フロント、フレキシブルドロースティフナー・フロントなど定番の足回り＆ボディチューニングを実施。さらにEJ20型エンジンを搭載したWRX STI tSではボールベアリングターボを採用するなどパワーソースも煮詰められている。

フラッグシップスポーツであるWRX STIがベースとなっているだけに、インテリアのコーディネイトにもこだわりが窺える。全体をブラックで統一するほか、写真のMTモデルにはアルカンタラ／本革のレカロ製バケットシート、ATモデルにはブラックレザーのバケットシートを採用。スポーティかつプレミアムな雰囲気に仕上がっていた。

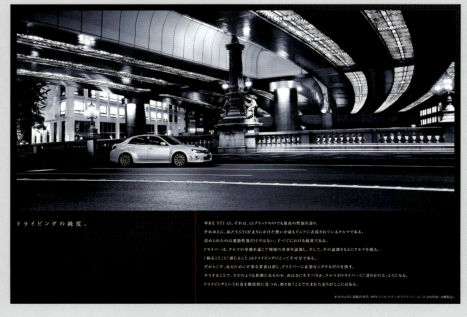

tSシリーズではあるものの、ボディおよび足回りのチューニングのほか、内外装やエンジンまでトータルでコーディネイトされているだけにSシリーズに近い雰囲気を持つ。ベース車両に対して約100万円をプラスした高額モデルだったが、GVB型WRXで初のコンプリートカーとなっていただけにファンの人気が高かった。

第25章

S206
2011年

ニュル24時間の経験を注いだ優勝記念モデル

　GVB型モデルの初のコンプリートカーとして2010年12月にリリースされたWRX STI tSはカーボンルーフの採用でコーナリング性能が向上。事実、2011年6月のニュルブルクリンク24時間レースにはWRX STI tSをベースにしたレーシングカーが投入されていたのだが、ラップタイムが大幅に向上した結果、総合21位で完走しており、STIはSP3Tクラスで念願の初優勝を獲得した。

　この勝利を記念すべく、STIはすぐにGVB型モデルでコンプリートカーを企画する。しかも、ラインナップは走行性能のみならず内外装にもこだわった"Sシリーズ"で、同年11月、WRXのSシリーズとしては2005年のS204以来、6年ぶりとなる「S206」を300台限定でリリース。同時に優勝記念モデルとして「S206 NBRチャレンジパッケージ」を限定100台で発売した。

　S206はまさに2011年のニュルブルクリンク24時間レースの経験をフィードバックした究極のモデルで、ボディチューニングと足回りの最適化を筆頭にエンジンおよびブレーキを一新。さらに空力性能を追求したエクステリアを採用するほか、スポーティかつプレミアムなインテリアとするなどトータルでコーディネイトされていた。

　まず、エンジンは"スペックC"など競技用モデルで実績のあるボールベアリングターボおよび専用ECUを採用するほか、バランス取りを実施。これらのパワーユニットにデュアルタイプの低背圧スポーツマフラーを組み合わせることによって、ベースモデルと比較して最高出力で12psアップの320ps、最大トルクで1.0kg・mアップの44.0kg・mのハイスペック化を実現している。

　これに合わせてビルシュタインダンパーとコイルスプリングで足回りの最適化を図るほか、フレキシブルタワーバー、フレキシブルドロースティフナー、フレキシブルサポート・リヤといったボディチューニングにも抜かりはない。さらにフロントに6ポッド、リヤに4ポッドのキャリパーを採用するブレーキもブレンボ製のシステムで、ドリルドディスクローターを採用するなど特別な仕上がりである。

　もちろん、エクステリアもフロントアンダースポイラーおよびトランクスポイラー、フロントフェンダーアウトレットグリルを採用するなど空力効果を極めた独自のフォルムで、インテリアもレカロ製バケットシートやピアノブラック塗装が施されるなどプレミアムな仕上がりとなっている。

　まさにS206は「歴代最高峰のSシリーズ」と呼べるほど完成度の高いマシンとなっていたが、同時に発売されたS206 NBRチャレンジパッケージは、ニュル24時間レースの優勝記念モデルとしてさらにプレミアムなスペックを誇る。具体的にはWRX STI tSベースのレーシングカーと同様にカーボンルーフを採用するほか、角度調整式のカーボン製リヤウイングを採用。そのフォルムはレーシングカーを彷彿とさせるスタイルで、WRCでマニュファクチャラーズ部門の3連覇を記念して1998年に発売された「インプレッサ22B-STIバージョン」と同様に競技車両のロードゴーイングモデルとして注目を集めた。

　それだけにセールス面も好調でS206が約515万円、S206 NBRチャレンジパッケージが約565万円とこれまでのコンプリートカーのなかでの最高額を更新することとなったが、S206 NBRチャレンジパッケージは発表と同時に完売し、さらにはS206も発売直後に完売。STIのコンプリートカー史に新たな歴史を刻むモデルとなった。

STIはGVB型WRXでSシリーズを開発。2005年のS204以来、6年ぶりとなるWRXのSシリーズとして「S206」が発売された。

S206はエクステリアに関しても特別なコーディネイトが実施されている。空力性能の高いフロントアンダースポイラーおよびトランクアンダースポイラーを採用するほか、機能性の高いS206専用のフロントフェンダーアウトレットグリルを装備。そのほか、オーナメント付きのフロントグリル、サイドガーニッシュなど細部まで一新されている。

ニュルブルクリンク24時間レースの優勝記念モデル、S206 NBRチャレンジパッケージを同時リリース。同モデルにはカーボンルーフおよび角度2段調整式のリヤスポイラー、BBS製19インチホイールが採用されるなど、まさにレーシングカーを彷彿とさせるスタイルに仕上がっていた。

コーナリング・デビル

ニュルブルクリンク24時間レースにおける勝利の大きな要因、それは、STIが磨き続けたコーナリング性能にある。いかなるときでも4輪をしっかりと使い、シャープでありながら、まるでストレートを走っているときと変わらないような安定感を持たせること。それこそがドライバーの心に余裕を生み、安心してアクセルを踏める状況を作り出すことができる。
ニュルブルクリンクという難コースをひらりひらりと舞い、下りのコーナーや濡れた路面では、500PSクラスのクルマすら追い詰める。ライバルたちからは、私たちのレースカーは魔の森に現れた"コーナリング・デビル"に映ったかも知れない。
そうした優れたボディバランスを可能にするのが、フレキシブルタワーバーに代表されるSTIのボディチューニングである。ブッシュ類など細かい部分こそ違うものの、このS206とレースカーはまったく同じ考え方で造られている。鍛え抜かれたレーシングドライバーであっても、人間である限り基本は普通のドライバーと変わらない、いつ いかなるときでもストレスを感じることなく、気持ちよくクルマを操れること。そのためのノウハウが、S206には注ぎ込まれている。

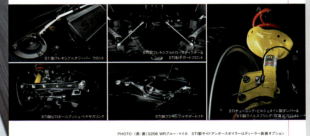

PHOTO：（表・裏）S206 WRブルー・マイカ　STI製サイドアンダースポイラーはディーラー装着オプション

ビルシュタイン製ダンパーおよび専用コイルスプリングで足まわりを最適化。それに合わせてフレキシブルロワースティフナー、フレキシブルタワーバー・フロント、ピロボールブッシュ・リヤサスリンク、フレキシブルサポート・リヤなどSTIが得意とするボディチューニングも実施されていた。

フロントシートは専用の素材を使用したレカロ製のバケットモデルで、ダークレッドのシートベルト、ピアノブラックの塗装パネルを採用するなどインテリアもスポーティかつプレミアムな仕上がり。写真では見えないがロゴ入りサイドシルプレートやコンソールにシリアルナンバープレートが入るなど細部まで専用のアイテムでまとめられている。

意思に直結したレスポンス

エンジンはよく「心臓」に喩えられるが、役割として近いのは「中枢神経」ではないだろうか。なぜなら、あらゆる操作の中でもドライバーの意思を最も如実に表すのが「アクセルを踏む」という行為だからである。ドライバーは、加速しても大丈夫と思えばペダルを踏み、危ないと思えばペダルを離す。ワインディングであっても日常の道であっても、ドライバーは細かな速度調整を自然と行うものである。だからこそ、エンジン性能が突出するのではなく、運転という行為の中で思うままに加減速を操れるエンジンこそ気持ち良さを感じるし、また安全であると言える。

S206では、専用のボールベアリングターボを採用し、低背圧マフラーを装着。アクセルペダルの操作に対して忠実に反応する優れたレスポンスを得るとともに、低・中速域のトルクの厚みを増すことでコントロール性を高めている。さらに、S206にふさわしい贅沢なフィーリングを実現すべく、クランクシャフト、ピストン、コンロッドの重量を厳密に選定。わずかな重量差にまでこだわることで、水平対向エンジンならではのスムーズな回転フィールをさらに高めている。

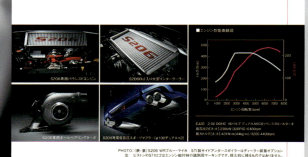

Sシリーズの最新モデルとしてエンジンも特別なチューニングが実施されている。競技モデルと同様にボールベアリングターボおよび専用ECUが採用されるほか、クランクシャフトやピストンなどエンジンのバランス取りを実施。さらに大型インタークーラーを装備するなど冷却系も強化されていた。

世界に挑むことで、真実を知る。

私たちが目指すもの、それは、世界一気持ちいい走りを造ることである。幾千、幾万のパーツから構成されるクルマという奥深い世界を、私たちはまだ完全に理解しているとは言えない。「ボディやサスのすべてを硬くすることで、走りは良くなる」「走りの良さと乗り心地はトレードオフである」「細かなコントロール性を犠牲にしても、限界性能を高めることがスポーツカーのあり方である」。そうした従来のセオリーを超えたところに、真実があるのではないか？ 私たちはそう考えている。

だからこそ、私たちはつねに進化を目指し、実際に走り込んで探求を続ける。モータースポーツという極限への挑戦も、その探求の一つに他ならない。Sシリーズは、そうして培った私たちの技術のすべてを注ぎ込んだモデルである。STIのお家芸とも言えるボディチューニングはもちろん、空力パーツ、エンジン、ブレーキ、すべてに最高と考えるものを投入し、最高のドライビングエクスペリエンスを届けることを目指した。その想いの象徴とも言えるのが、19インチアルミホイールと245/35ZR19タイヤである。大径ホイールと超偏平タイヤであっても、乗り心地を犠牲にせず、しなやかで味わい深い走りは造れる。それは、私たちが探求を続けることで到達した真実なのである。

エンジンや足回り、ボディとともにエアロダイナミックスの一新で空力性能を追求。同時にホイールも19インチの大径専用モデルが採用され、タイヤも245/35/ZR19の超偏平タイヤが装着されていた。そのほか、ブレーキにもブレンボ製キャリパーおよびドリルドディスクローターを採用するなど細部までコーディネイト。制動力はもちろん、コントロール性の高い仕上がりになっている。

76

S206 NBRチャレンジパッケージは、WRX STI tSに続いてカーボンルーフを採用。カーボン製リヤウイングは角度調整式となる。WRCでマニュファクチャラーズ部門の3連覇を記念して1998年に発売された「インプレッサ22B-STIバージョン」と同様に競技車両のロードゴーイングモデルとして注目を集めた。マフラーはS206と同様に左右2本出しのデュアルタイプ低背圧スポーツマフラーが装備されている。

S206はニュルブルクリンク24時間レースの経験をフィードバック。細かい部分こそ違うものの、レースカーと同じ考え方で作られていた。S206が約515万円、S206 NBRチャレンジパッケージが約565万円とこれまでのコンプリートカーのなかで最高額を更新することとなったが、両モデルともにすぐに完売した。

第26章

エクシーガtS
2012年

リニアなハンドリングと快適性を両立した7シーター

2012年7月、スバルはスポーツ性能の高い7シーターとして定着しているエクシーガのマイナーチェンジを実施。これに合わせてSTIもE型エクシーガをベースに開発した「エクシーガtS」をリリースした。

STIがエクシーガをベースに初めてコンプリートカーをリリースしたのは2009年10月の「エクシーガ・チューンド・バイ・STI」で、tSシリーズとして発売された同モデルは2台目にあたる。tSシリーズはチューンド・バイ・シリーズの流れを引き継いでいるだけに、今回のエクシーガtSも足回りおよびボディチューニングを実施することで、快適性を犠牲にすることなくハンドリング性能の向上が図られていた。

具体的にはフロントに倒立式ストラット、リヤに特性チューニングを施したダンパーを採用するほか、フロントにフレキシブルタワーバー、リヤにフレキシブルサポートおよびピロボールブッシュのサスペンションリンクを採用。ここまでは2009年のチューンド・バイ・STIと同様のメニューだが、今回のtSではフレームとステアリングを結ぶフレキシブルドロースティフナーが採用されるほか、ブレーキも前後ともにブレンボ製のシステム、タイヤおよびホイールも17インチから18インチに変更されたことで、ハンドリングフィールと乗り心地のバージョンアップを実現した。

エクステリアの主だった変更点は空力性能の高い前後のアンダースポイラーと18インチのアルミホイール、φ100の左右2本出しスポーツマフラー、そしてフロントとサイドにオーナメントが装着された程度で、あくまでもベースモデルを活かした質実剛健な仕上がりである。

インテリアに関してもサイドシルプレート、240km/hスケールのスポーツルミネセントメーター、本革巻ステアリングホイール、本革巻ATセレクトレバーなど細部のアイテム変更に留められているものの、逆に言えば落ち着いた内外装に仕上がっていることから日常ユースに最適なクルマだと言える。

まさにエクシーガtSは「Sport, Always!」＝「すべての時、すべての道、クルマとの対話はいつも"スポーツ"だ」のコンプトを実現した7シータースポーツで、シチュエーションを選ぶことなく、ドライバーに抜群のコントロールを、同乗者には心地よさを提供。同モデルは2011年1月の東京オートサロンに「エクシーガ2.0GT tSコンセプト」として出展された時から高い評価を受けていただけに、2012年に市販化されてからもファミリー層を中心に高い人気を誇るモデルとなった。

マイナーチェンジに合わせて7シーターのエクシーガでコンプリートカーを開発。STIにとってエクシーガでのコンプリートカーは2009年10月の「エクシーガ・チューンド・バイ・STI」以来、2台目で同モデルにおいてもハンドリング性能が追求されていた。

tSシリーズだけあって足回りとボディチューニングを主体とするメニューで、エクステリアに関してはシンプルな印象である。主だった変更点は前後のアンダースポイラーとフロントおよびサイドのオーナメント程度で、ベース車を活かしたコーディネイトになっていた。ホイールも専用の18インチモデルで、タイヤも215/45のブリヂストン製ポテンザRE050Aが採用されるなど、7シーターながら"走り"を意識したコーディネイトを実施。フロントグリルとサイドに専用の「tS」オーナメントが付いているのがわかる。

落ち着いたエクステリアに仕上がっていたことから、日常ユースにも最適なモデルとなった。エンジンはノーマルながら左右2本出しのスポーツマフラーを採用することによってスポーティなサウンドを堪能できる。

匠が磨いた卓抜の走りへ。

しなやかなドライビングフィールとともに、
あらゆるシーンを鮮烈に快適に駆け抜けるために。
前後ブレンボブレーキをはじめ、tSに込めたパフォーマンス。
それはモータースポーツで培った走りへのスピリットが形づくる。

Equipment / STI performance

1. ブレンボ製17インチ対向4ポットフロントベンチレーテッドディスクブレーキ（STIロゴ入り）
2. ブレンボ製17インチ対向2ポットリヤベンチレーテッドディスクブレーキ（STIロゴ入り）
3. STI製18インチ7 1/2Jアルミホイール&215/45R18タイヤ[POTENZA RE050A]
4. STIチューニング・倒立式フロントストラット、STI製コイルスプリング
5. STIチューニング・リヤダンパー、STI製コイルスプリング
6. STI製フレキシブルタワーバーフロント
7. STI製フレキシブルドロースティフナーフロント、STI製サポートフロント
8. STI製フレキシブルサポートリヤ
9. STI製ピロボールブッシュ・リヤサスリンク（ラテラルリンクフロント内側・ラテラルリンクリヤ内側）
10. STI製スポーツマフラー（φ100×2、STIロゴ入り）

PHOTO:（表）サテンホワイト・パール（31,500円高・消費税込）リヤビューカメラ付音声認識HDDナビゲーションシステム装着車（裏）WRブルー・マイカ（専用色）STI製サイドアンダースポイラーはディーラー装着オプション　写真はイメージです。

専用ダンパーやコイルスプリング、フレキシブルタワーバー・フロント、フレキシブルサポート・リヤなど足回りおよびボディチューニングを実施。さらに今回のtSではフレキシブルドロースティフナーを採用することによって、ハンドリングと乗り心地のレベルアップを実現した。キャリパー、ローターともにブレンボ製のシステムを採用するなど、ブレーキが強化されていることも同モデルの特徴と言っていい。まさに"走りの7シーター"と言った仕上がりだが、足回りとボディの改良を図ることによって、同乗者の快適性も向上している。

インテリアはベース車を活かしたカスタマイズを実施。240km/hスケールのスポーツルミネセントメーターを筆頭にサイドシルプレート、本革巻ステアリングホイール、本革巻ATセレクトレバーなどワンポイントのドレスアップを施すことでスポーティかつプレミアムな空間を演出している。シートはSTI刺繍ロゴ入りのアルカンターラ/本革で、ブラックインテリア、カーボン調加飾パネルと合わせてコーディネイトされている。

第27章

レガシィ2.5iアイサイトtS
2012年

NAモデルに初挑戦、アイサイト（Ver.2）も初採用

　車種やジャンルを選ばずにニーズに合わせたプロデュースを手がけてきたSTIは2012年11月、新たな素材でコンプリートカー開発にチャレンジした。その注目のマシンがBR／BM型の5代目レガシィをベースに開発された「レガシィ2.5iアイサイトtS」だった。

　レガシィベースのtSシリーズは2010年以来、2台目のコンプリートカーとなるが、2.5LターボのEJ25型エンジンを搭載した2.5 GTベースの前モデルとは対照的に同モデルは2.5Lの自然吸気ユニット、FB25型エンジンを搭載した2.5iアイサイトSパッケージをベースに開発。つまり、STIとしては初めて手がけるNA（自然吸気）エンジン搭載のコンプリートカーで、しかも、車名のとおり、先進運転支援システムのアイサイト（Ver.2）を初めて搭載したモデルとなった。

　コンセプトは他のtSシリーズと同様に「Sport, Always」を実現すべく、シャーシおよび足回りのチューニングを実施。具体的にはビルシュタイン製のダンパーおよびコイルスプリング、フレキシブルタワーバー、フレキシブルドロースティフナー・フロント、フレキシブルサポート・リヤ、ピロボールブッシュ・リヤサスリンクなど、STIコンプリートカーの定番アイテムが採用されているのだが、いずれもNAのFB25型エンジンとリニアトロニック（無段階変速機＝CVT）に合わせて、独自のチューニングが行われていることが同モデルのポイントとなる。18インチのタイヤおよびホイールとのマッチングも最適で、これにより強靭でしなやかな走りを実現。しかも、入念なテストでアイサイト（Ver.2）の整合を確認したこともSTIならではのクオリティと言えるだろう。

　エンジンはノーマルで、エクステリアもフロントアンダースポイラーにワゴンはルーフスポイラー、B4はトランクスポイラーを装着した程度だが、マフラーをφ65mmのデュアルタイプスポーツマフラーに変更することで背圧の低減およびサウンドの質感向上が図られたほか、ターボエンジン搭載車と同様に左右2本出しとなったことで、NAエンジンながら見た目もスポーティな印象が強い。

　インテリアに関してもアルカンターラ／本革シートや本革巻ステアリングホイール、ルミネセントメーター、マルチインフォメーションディスプレイなどスポーティかつプレミアムな仕上がりである。

　まさに同モデルはtSシリーズ特有の走行性能および快適性能のみならず、環境性能や安全性能を併せ持つ一台で、ファミリー層を中心に人気を獲得。NAならではの小気味良いパワーフィールと抜群のハンドリングを併せ持つコンプリートカーとして評価が高く、しかも、ベース車両に対して68万円アップと比較的リーズナブルな価格設定となっていたことから、販売終了の期限を待たずして限定300台が完売する人気モデルとなった。

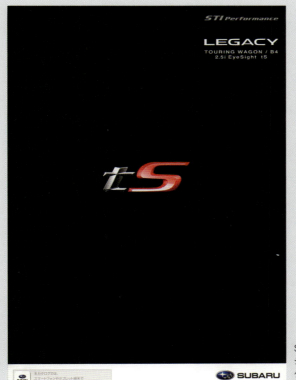

STIが初めてNAエンジン搭載車でコンプリートカーを開発。ベース車両は5代目レガシィの2.5Lの自然吸気ユニット、FB25型エンジンを搭載した「2.5iアイサイトSパッケージ」で、その名のとおり、先進運転支援システムのアイサイト（Ver.2）が搭載されている。入念なテストでアイサイト（Ver.2）の整合が確認されたという。

エクステリアはベース車を活かしたシンプルなフォルム。フロントにアンダースポイラーが装着されるほか、18インチのアルミホイールが採用されるなど、ワンポイントのドレスアップながらスポーティな印象に仕上がっている。

ワゴンにルーフスポイラー、B4にトランクスポイラーを装着。そのほか、φ65mmのデュアルスポーツマフラーを採用したことも同モデルのポイントと言える。ターボ車両と同様に左右2本出しのレイアウトを採用することでスポーティな印象が強い。もちろん、機能性も高く、背圧を低減するほか、サウンドの質感向上にも大きく貢献している。

EQUIPMENT / STI Performance
ヒトとクルマの呼吸をよむせる、ということ

ドライバーがイメージした タイミングで、応答した通りにクルマが動く。
その足元こそ、ドライバーズカーとしての親しみ、STIコンプリートカーとして
すべてのパーツがハーモニーを奏でた時、ドライバーに歓びの鼓動が訪れる

ビルシュタイン製のダンパーおよびコイルスプリングを筆頭に、フレキシブルタワーバー、フレキシブルドロースティフナー・フロント、フレキシブルサポート・リヤなど定番アイテムを採用。NAのFB25型エンジンとリニアトロニック（無段階変速機＝CVT）に合わせて、独自のチューニングを施すことで、ステアリングフィールと快適性の質感が高められている。

専用マルチインフォメーションディスプレイや前後のtSオーナメントなど、ワンポイントのカスタマイズながらプレミアム感を演出。この細部のさりげないコーディネイトも同モデルの特徴で、内装にも特別感が凝縮されている。

EQUIPMENT / STI Atmosphere
この胸の高鳴りは、抑えられない。

アルカンターラ／本革の専用シートをはじめ、チタンカラーカーボン調加飾パネル、さらに260km/hスケールの専用メーターを採用している。インテリアに関してもベース車を活かしながら、レッドタイプのSTI製プッシュエンジンスイッチが装備されるなどスポーティかつプレミアムな雰囲気にコーディネイトされている。そのほか、専用サイドシルプレートや本革巻リニアトロニックセレクトレバーが採用されるなど細部までアレンジされている。

第28章
WRX STI tS タイプRA
2013年

ステアリングのギヤ比を変更、GVB型初の"RA"

2010年に「WRX STI tS」をリリースし、2011年には「S206」を発売するなど、これまでGVB型のWRXで積極的にコンプリートカー開発を手がけてきたSTIは2013年7月、GVB型コンプリートカーの第3弾として「WRX STI tS タイプRA」およびニュルブルクリンク24時間レースをイメージした「WRX STI tS タイプRA NBRチャレンジパッケージ」「WRX STI tS タイプRA NBRチャレンジパッケージ(レカロ)」をリリースした。

同モデルは文字どおり、記録への挑戦を目的に開発された特別モデル、RA=Record Attemptのイニシャルを受け継いだコンプリートカーで、競技ユースのスペックCをベースに開発。足回りの改良を中心としたtSシリーズのコンセプト、"強靭でしなやかな走り"を踏襲しながらも、GVB型WRXで初のRAとなる同モデルでは"シャープで研ぎすまされた性能"を実現すべく、ニュル24時間で培った経験がフィードバックされていた。

前述のとおり、同モデルはスペックCがベースになっていることから、ボールベアリングツインスクロールターボやインタークーラーウォータースプレイ、高G旋回対応燃料ポンプ、リヤ機械式LSDなどが装備されているのだが、さらに専用のアイテムを採用。その最大の特徴が専用のクイックステアリングギアボックスを採用したことにほかならない。ノーマルの13:1に対して11:1にはやめられたことによってハンドリングの"キレ味"が向上し、クイックで気持ちのよいステアリングフィールを実現している。

さらに、専用ダンパーやフロントのフレキシブルタワーバー、前後のフレキシブルドロースティフナー、リヤのフレキシブルサポート、ピロボールブッシュのリヤサスリンクなど、STIが得意とする足回りおよびボディチューニングが実施されていることは言うまでもない。

そのほか、ブレーキに関してもフロントにモノブロック対向6ポットキャリパー、リヤに対向2ポットキャリパーなど、ブレンボ製の専用システムが採用されていることも、同モデルならではの特徴と言えるだろう。

もちろん、エクステリアに関してもフロントアンダースポイラーおよび18インチの専用ホイール、NBRチャレンジパッケージおよびNBRチャレンジパッケージ(レカロ)には角度2段調整式のドライカーボンリヤスポイラーや18インチ鍛造アルミホイールを採用するなど細部のアップデートでスポーティなフォルムが確立されている。

さらにインテリアに関してもバケットタイプフロントシートやサイドシルプレート、WRX STI tS タイプRA NBRチャレンジパッケージ(レカロ)にはレカロ製バケットタイプフロントシート、アルカンターラ／本革のリヤシートを採用するなどスポーティでプレミアムな仕上がりと言える。

まさに同モデルは走りの"RA"としてトータルなチューニングが施されていただけに、価格設定もWRX STI tS タイプRAが420万円、NBRチャレンジパッケージが460万円、NBRチャレンジパッケージ(レカロ)が484万円の高額モデルとなったが、限定台数の300台が発売からわずかひと月で完売。なかでも、NBRチャレンジパッケージおよびNBRチャレンジパッケージ(レカロ)は発売直後に限定の200台が完売するなど、歴代RAのなかでも人気の高いモデルとなった。

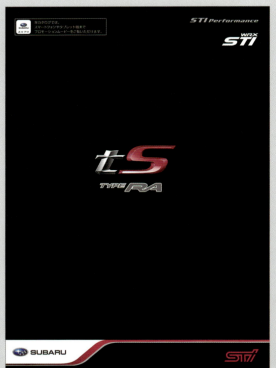

GVB型をベースに走りを極めた"RA"を開発。競技ユースのスペックCにさらなるチューニングを施すことによって、シャープで研ぎすまされた性能を実現した。

エクステリアにおけるポイントはフロントアンダースポイラーとブラック塗装電動格納式リモコンドアミラーで、ベーシックなWRX STI tS タイプRAにはエンケイ製の18インチホイールが採用されていた。

タイヤは245/40R18のブリヂストン・ポテンザRE070を採用。RAに合わせてチューニングを施した専用モデルで、抜群のハンドリング性能と上質な乗り心地の両立に大きく貢献した。

ニュルブルクリンク24時間レースをイメージしたWRX STI tS タイプRA NBRチャレンジパッケージおよびWRX STI tS タイプRA NBRチャレンジパッケージ（レカロ）も200台限定で同時発売。同モデルには角度2段調整式のドライカーボン製リヤスポイラーとBBS製の18インチ鍛造アルミホイールが採用されていた。

研

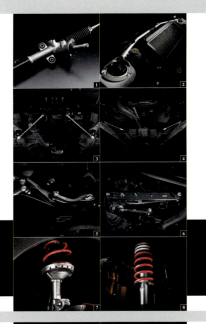

ステアリングをわずかに切ると
タイムラグなくクルマが回頭し始める。
かつてないほど意のままに研ぎ澄まされた走りへ。
11:1のステアリングギア比とともに、ボディ剛性の要所に
強靭かつしなやかなテンションを与えた。
ダイレクトな操舵感と4輪の接地性を究めた
私たちの走りの奥義がここにある。

1 専用クイックステアリングギヤレシオ (11:1)
2 STI製フレキシブルタワーバーフロント
3 STI製フレキシブルドロースティフナーフロント
4 STI製フレキシブルドロースティフナーリヤ
5 STI製フレキシブルサポートリヤ
6 STI製ピロボールブッシュ・リヤサスリンク (ラテラルリンクフロント内側・ラテラルリンクリヤ内側)
7 STI製チューニング・倒立式フロントストラット、STI製コイルスプリング 注
8 STI製チューニング・リヤダンパー、STI製コイルスプリング 注
9 STI製サポートフロント
10 補強フロントクロスメンバー
11 リヤ機械式LSD [リミテッド・スリップ・デフ]

PHOTO:〔車〕WRX STI tS TYPE RA NBR CHALLENGE PACKAGE [RECARO] タンジェリンオレンジ・パール
STI製スカートリップ、STI製サイドアンダースポイラー、STI製スポーツマフラー、STI製ホイールオフセットはディーラー装着オプション。写真はイメージです。

専用のクイックステアリングギアボックスを採用。ノーマルの13:1に対して11:1に早められたことによってハンドリングの"キレ味"が大幅に向上している。そのほか、前後のフレキシブルドロースティフナーをはじめ、フロントのフレキシブルタワーバー、リヤのフレキシブルサポート、ピロボールブッシュ・リヤサスリンクなどボディチューニングを実施。ボディの各要所に強靭かつしなやかなテンションを与えることでダイレクトな操舵感を実現した。

奏

走る、曲がる、止まる。このバランスが
ロードカーにとって重要なのは言うまでもない。
WRX STI tS TYPE RAは、
私たちの目指した走りに響き合うエンジンレスポンス、
パワーウェイトレシオ、ブレーキフィール、
ダウンフォースを追究。これらの精緻なハーモニーが、
意のまま操る歓びを高らかに奏でるのだ。

1 ボールベアリングツインスクロールターボ
2 インタークーラーウォータースプレイ (オートスイッチ付/3.7Lタンク・荷室床下設置)
3 フロント・モノブロック対向6ポットブレーキキャリパー (brembo製、ゴールド塗装、STIロゴ入り)、18インチヘビーデューティ・グルーブドディスクローター (brembo製)
4 リヤ・対向2ポットブレーキキャリパー (brembo製、ゴールド塗装、STIロゴ入り)、17インチグルーブドディスクローター (brembo製)
5 アルミ製フロントフード
6 専用チューニング245/40R18タイヤ (ポテンザRE070)
7 BBS製18インチ×8 1/2J鍛造アルミホイール (ブラック) 注1
8 STI製18インチ×8 1/2Jアルミホイール (ブラック)
9 STI製フロントアンダースポイラー 注2
10 STI製ドライカーボンリヤウイング (角度2段調整式) 注1
11 高G対応式燃料ポンプ

PHOTO:〔車〕WRX STI tS TYPE RA NBR CHALLENGE PACKAGE [RECARO] タンジェリンオレンジ・パール
STI製スカートリップ、STI製サイドアンダースポイラー、STI製スポーツマフラー、STI製ホイールオフセットはディーラー装着オプション。写真はイメージです。

フロントフードは軽量のアルミ製。そのほか、フロントにモノブロック対向6ポットキャリパー、リヤに対向2ポットキャリパーを採用するなどブレーキもブレンボ製システムで改良された。これにグルーブドディスクローターが組み合わされるなど、これまでの経験が注ぎ込まれている。

バケットタイプフロントシートや本革巻ステアリングホイール、本革巻MTシフトノブを採用するなど、インテリアもスポーティかつプレミアムにコーディネイトされていた。WRX STI tS タイプRA NBRチャレンジパッケージ (レカロ) には、その名のとおり、レカロ製バケットタイプフロントシート (右写真) が採用されている。

第29章
BRZ tS
2013年

FRスポーツでハンドリング性能の追求にチャレンジ

　トヨタとの共同開発で2012年3月に発売されたFRスポーツ、BRZは同年のスーパーGTに早くも登場した。レーシングチームのR&DスポーツがGT300クラスに投入し、素晴らしいパフォーマンスを見せていたことから、STIバージョンのラインナップ、さらにコンプリートカーの発売が求められていたのだが、その期待に応えるかのようにSTIは2013年8月、BRZをベースにした初のコンプリートカー「BRZ tS」を発売した。

　STIにとってこれが初のFRスポーツとなったが、コンプリートカーのコンセプトである"強靭でしなやかな走り"に変わりはなく、これまでリリースしたtSシリーズと同様に足回りとボディのチューニングでハンドリングの良さが追求されていた。具体的には専用ダンパー、スプリングを採用するほか、フロントのフレキシブルタワーバーおよびフレキシブルドロースティフナー、ピロボールブッシュのリヤサスリンクを装着することによって、"人車一体"の気持ち良いハンドリングを実現している。

　これに合わせてスーパーGTの経験をもとにドライブシャフトの大径化を実施したことも同モデルのポイントで、これにより加減速時の微小なねじれが低減。スロットル操作と車両の加減速が直結したかのようなレスポンスを実現したことも同モデルの特徴と言えるだろう。

　そのほか、前後ともにブレンボ製のシステムでブレーキを強化するほか、専用のVDC（ビークルダイナミクスコントロール）やサウンドクリエーター用専用チューニングフィルターなどの"隠し味"によって走りの奥深さを演出するなど細部の改良に余念がない。タイヤは18インチのミシュラン・パイロットスポーツが採用された。

　気になるエクステリアはフロントアンダースポイラーと前後のオーナメントおよびフロントのフェンダーガーニッシュ、シルバー塗装の専用18インチアルミホイールを採用するほか、よりモータースポーツマインドの高い「BRZ tS　GTパッケージ」には角度2段調整式のドライカーボンリヤスポイラーやブラック塗装の専用18インチアルミホイールを装着するなど、スポーティで機能性の高いフォルムに仕上がっていた。

　さらにインテリアに目を向けてもアルカンターラ／本革の専用フロントシートを筆頭に高級本革巻ステアリングホイール、専用スポーツメーターおよびアルカンターラのメーターバイザー、アルカンターラのドアトリムを採用。さらにGTパッケージにはフロントにレカロ製のバケットタイプシートを採用するなど室内に関してもスポーティかつプレミアム感の高い仕上がりとなっている。

　まさに同モデルはSTIが培った技術とアイデアをFRスポーツに注ぎ込んだ一台で、歴代のAWDスポーツに親しんで来たスバルファンも同モデルを高く評価した。事実、販売価格はBRZ tSが6MTで349万円、GTパッケージが6MTで409万円に設定されていたが好調なセールスを記録する。このようにSTIは初挑戦のFRスポーツにおいても、コンプリートカー開発・販売で大きな成功を収めることとなった。

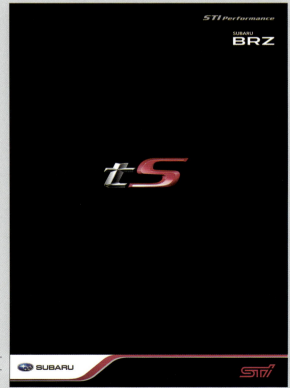

デビュー以来、STIバージョンのラインナップが期待されていたBRZでコンプリートカーを開発。初めてのFRスポーツモデルとなった「BRZ tS」は、足回りとボディのチューニングでハンドリング性能が追求されていた。

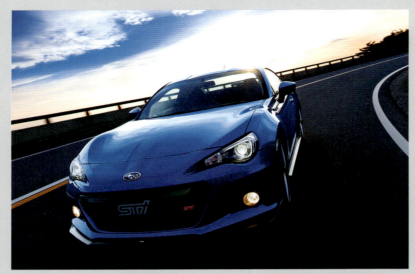

空力性能の高いフロントアンダースポイラーを採用。これまでのコンプリートカー開発で培った経験がBRZにも注ぎ込まれている。そのほか、フロントフェンダーガーニッシュや前後のオーナメントを装着するなど、ワンポイントながら存在感の強いドレスアップが実施されていた。

18インチの専用アルミホイールを採用。タイヤは225/40ZR18のミシュラン・パイロットスポーツが採用された。

モータースポーツマインドの高いBRZ tS GTパッケージには角度2段調整式のドライカーボンリヤスポイラーやブラック塗装の専用18インチアルミホイールを採用。スポーティで空力性能の高いスタイルが確立されていた。

Road to the Purity.

ピュアハンドリングのさらなる高みへ。

ドライバーとクルマの神経をいかに気持ちよく通わせることができるか。
技術の粋を尽くしたスペシャルなパーツの開発・装着にとどまらず、ドライブシャフトの大径化、
VDC(ビークルダイナミクスコントロール)や吸気サウンドの専用チューニングなど、
走りに違いと奥深さをもたらす隠し味が数多く存在する。そうしたパーツが協調し、
1台のコンプリートカーとしてハーモニーを奏でていく、tSとはそういうクルマである。

専用ダンパーおよびスプリングを採用するほか、フロントのフレキシブルタワーバーおよびフレキシブルドロースティフナー、ピロボールブッシュのリヤサスリンクを装着。そのほか、ブレンボ製のシステムを採用するなど前後のブレーキも強化されていた。フロントは17インチの対向4ポットキャリパーおよびベンチレーテッドディスクの組み合わせで、リヤは17インチ対向2ポットキャリパーおよびベンチレーテッドディスクが採用されている。

アルカンターラ／本革の専用フロントシートを採用。さらに本革巻ステアリングホイールやSTIロゴ入りのスポーツメーターおよび専用メーターバイザー、カーボン調インパネパネルなど専用パーツを採用することで、室内もスポーティかつプレミアムな仕上がり。ちなみに、GTパッケージはフロントにレカロ製のバケットタイプシート(右写真)を採用。ホールド性能と快適性を両立した専用モデルで、エクステリアと同様に質感の高いインテリアに仕上がっている。

STIはR&Dスポーツとともに2012年よりスーパーGTのGT300クラスにBRZを投入。その経験をもとにドライブシャフトの大径化を実施するなど、同モデルにおいてもレースで培った技術とアイデアがフィードバックされている。

CONNECT to MOTORSPORT tS

89

第30章

フォレスターtS
2014年

オンロード性能と安全性能を追求した究極のSUV

SH型の3代目フォレスターをベースに2010年にリリースされた「フォレスターtS」は独自の乗り味が高く評価され限定300台が完売するなど、セールス面においても成功を収めていた。それだけにSJ型の4代目フォレスターにおいてもコンプリートカーの投入は規定路線になっていたのだろう。2014年11月、フォレスターのマイナーチェンジに合わせてSTIはフォレスターとしては3台目の特装車となる「フォレスターtS」をリリースした。

SUVが持つ走破性、走行安定性に加えて、走る愉しさと所有する悦びを追求した同モデルでは、オンロード性能を高めるべく、様々なアイデアと経験をフィードバック。その最大のポイントが専用ECUおよび専用TCUで、SIドライブのS♯モードをチューニングしたことだろう。これによりスポーティな特性を際立たせたトランスミッション制御を実現。同時にフレキシブルタワーバーやフレキシブルドロースティフナーをはじめとするフレキシブルパーツを使用したボディチューニングと独自の味付けを施したサスペンション、ブレンボ製のベンチレーテッドディスクブレーキを組み合わせることによってSTIが推し進める"強靭でしなやかな走り"をフォレスターで具体化することに成功した。

エクステリアにおいてもフロントグリルやフロントスポイラー、リヤアンダースポイラー、ブラックルーフスポイラー、大径マフラーカッター、さらにBBS製の19インチ鍛造アルミホイールを採用するなどベース車を踏襲しながらもスポーティなスタイリングにコーディネイトするなどドレスアップに余念がない。

もちろん、インテリアに関してもSTIロゴ入りのスポーツルミネセントメーターや本革巻ステアリングホイール、本革巻シフトレバー、専用シート／ドアトリムを採用するなど、スポーティかつオリジナリティの高い仕上がりだと言えるだろう。

一方、2012年に発売された「レガシィEyeSight tS」で高い支持を集めたことから同モデルにもアイサイト（Ver.2）を導入し、最適化を図るなど安全性を高めたことも同モデルのポイントと言える。さらに専用VDC（ビークルダイナミクスコントロール）の採用で安全性の向上を図るほか、遮音材付きフロアマットの採用で静寂性を高めたことも注目される。

この結果、同モデルはSUVでありながら、抜群のオンロード性と安全性、そして快適性を併せ持つマシンに仕上がり、多くのスバルファンが高く評価。フォレスターとしては初めて400万円を超えるモデルとなったが、限定台数の300台が完売した。

4代目フォレスターをベースに開発した同モデルは「オンロード」と「タフ、スピード＆クラッシィ」をキーワードに開発。SUVとして走破性能を磨き上げるとともに、オンロード性能を追求した一台で、運転支援システム、アイサイト（Ver.2）を採用するなど安全性も高められていた。

tSシリーズとして、ハンドリング性能を追求。15mmのローダウンを実現したチューニングサスペンションを採用するほか、フレキシブルタワーバー、フレキシブルドロースティフナー、フレキブルサポートサブフレームリヤなど、フレキシブルパーツを駆使したボディチューニングを行うことによって強靭でしなやかな走りを実現した。ブレーキはブレンボ製のシステムで前後ともにベンチレーテッドディスクが採用されている。

リヤアンダースポイラーやブラックルーフスポイラー、大径マフラーカッターを採用するなどリヤビューも個性的なスタイリング。ブラックドアミラーも専用パーツで、足元にはBBS製の19インチ鍛造アルミホイールが装着されている。

The Quality of Dynamics

より敏捷に、より意のままに。走りの質を研ぎ澄ます。

ボディやシャシーに施されたSTI独自の剛性コントロールによって研ぎ澄まされたステアリング操作への初期応答性、コーナリング時のロールスピードやピッチングを抑制し、フラットとしなやかな乗り心地を高めたダンパー&スプリング。高レベルの制動力とコントロール性を追求したブレーキ。
そして、[S#]モードでのスポーティな特性をいちだんと際立たせた専用のトランスミッション制御。ドライバーは、FORESTER tSに注入されたすべてのエレメントの効果を、走り出した瞬間からリアルに体感できる。

走行性能を高めるべく、様々なパーツがインストールされている。なかでも特筆すべきポイントが専用ECUと専用TCUが採用されていることで、SIドライブのS#モードのチューニングを実施。エンジンおよびトランスミッションの制御に独自の味付けを加えることによって、スポーティなフィーリングを実現している。

260km/hスケールのスポーツルミネセントメーターを筆頭にマルチファンクションディスプレイ、本革巻ステアリングホイール、本革巻シフトレバー、カーボン調インパネ加飾パネルなどインテリアに関しても専用アイテムが満載。そのほか、ブラックインテリア(ピラートリム、ルーフトリム、窓肩上トリム類)やサイドシルプレートも専用パーツ。シートも黒革／黒パンチングウルトラスエードコンビシートの専用モデルを採用。ドアトリムも黒パンチングウルトラスエード／黒ウルトラスエード、レッドステッチの専用パーツで、スポーティかつ高級感のある室内空間に仕上がっている。

エクステリアはベース車のスタイリングを活かしながらも専用装備でスポーティにアレンジ。具体的にはオーナメント付きのフロントグリル、フロントスポイラー、フォグランプベゼル、ブラックサイドウインドウモール、サイドクラッディングモールなどが装着されている。

第31章
BRZ tS
2015年

フレキシブルVバーを採用した正常進化FRスポーツ

　2013年に発売された「BRZ tS」はSTIのコンプリートカーで初のFRスポーツだったが、スバルファンの評価は高く、セールス面においても成功を収めたことが影響していたのだろう。STIはこのFRスポーツをベースに開発プロジェクトを継続。2015年6月、BRZのコンプリートカーとしては2台目となる「BRZ tS」をリリースした。

　2013年モデルと同様に2015年モデルもハンドリングを追求したモデルとなったが、2015年型モデルでは新しいアイデアを導入。その最大のトピックスがそれまでのフレキシブルタワーバーに代わって採用されたフレキシブルVバーだと言えるだろう。

　これはフロントストラットとバルクヘッドをピロボールで挟み込む新開発のアイテムで、ストラットタワーとバルクヘッドが離れているBRZでは従来のフレキシブルタワーバー以上の効果を発揮。事実、操舵開始からVバーまでの力の伝達時間を見ると従来比で約20％もタイミングが早くなるなどステアリングの応答性が向上した。これに合わせてキャンバー剛性を35％も高めた倒立式のビルシュタインダンパーを採用したことで、しなやかな身のこなしと上質な乗り心地を実現。さらに制動初期の減速Gの立ち上がりと制動安定性を高めるべく、ブレンボ製のブレーキをドリルドディスクに変更したことも2015年モデルのポイントだと言えるだろう。

　このように2015年型のBRZ tSではボディチューニングを筆頭に、足回りやブレーキにおいて技術的なチャレンジが行われていたのだが、これと同時にドライバーとクルマのインターフェース性を追求すべく、レカロ製バケットシートを標準装備にしたほか、シート座面のサポート性を高めたことも同モデルのポイントと言っていい。そのほか、スポーツメーター、メーターバイザー、本革巻ステアリングホイールなども専用アイテムで、スポーティングな仕上がりとなっている。

　もちろん、BRZ tSではエクステリアに関しても、フロントグリルチェリーレッドモールやフロントアンダースポイラー、フロントフェンダーガーニッシュなど専用アイテムでコーディネイト。ブラック塗装の18インチアルミホイールを採用するなど独自のスタイリングを確立されていることも同モデルの特徴にほかならない。

　さらに走行性能、デザイン性能だけでなく、サイドエアバックの採用で安全性を高めたほか、インパネやトランクルームトリムに吸音材、ドア内部に遮音材を追加することで静寂性を高めたこともポイントと言える。

　まさに2015年型のBRZ tSはそれまでの経験と新しいアイデアが注ぎ込まれた一台で、2013年型モデルの正常進化バージョンとして全ての面においてパフォーマンスが向上。それだけに6MTモデルで369万4444円、6ATモデルは376万9444円とプライスにおいても2013年型モデルをはるかに凌ぐこととなったが、限定台数の300台が完売したことによって、STIのコンプリートカーにFRスポーツが定着することとなった。

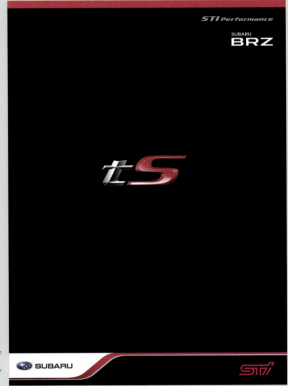

BRZとしては2台目のコンプリートカーもtSシリーズとして登場。2015年型の同モデルもハンドリング性能が追求されていたのだが、新しいアイデアが随所に注ぎ込まれるなど、チャレンジングな一台となった。

ハンドリングを重視したモデルだが、エクステリアに関しても細部のコーディネイトに余念がない。フロントグリルチェリーレッドモール、アンダースポイラー、LEDデイライナー、フロントフェンダーガーニッシュの採用で独特のスタイリングを確立している。

ブラック塗装の18インチアルミホイールやリヤバンパーとアンダーディフューザーの境目に付けられたリヤバンパーチェリーレッドピンストライプ、ドアミラー、ルーフアンテナも同モデルだけの専用装備。タイヤは225/40ZR18のミシュラン・パイロットスポーツで、ハイグリップタイヤの装着にあわせてドライブシャフトも大径化が図られている。

技術的なトピックスとしては新開発のフレキシブルVバーが装着されたことで、従来のフレキシブルタワーバーよりもヨー応答時間や横G応答時間が向上。フロントのフレキシブルドロースティフナー、リヤサスリンクブッシュのピロボール化も踏襲し、ボディチューニングを煮詰めることによって2013年型モデルよりも大幅にステアリングの応答性が向上している。

94

研ぎすませたのは走りだけではない。

SUBARU BRZ tSを自在に操るためには、ドライバーとクルマとの一体化が不可欠となる。
新型SUBARU BRZ tSは、ドライバーとクルマの高度なインターフェース性を追求して
RECARO製バケットシートを標準装備し、併せてシート座面のサイドサポート性を高め、
下半身の安定化とペダルの操作性を最適化している。またドライビングのみならず
同乗者との会話も愉しめるような静粛性にも配慮し、インパネとトランクルームトリムに吸音材を、
ドア内部に遮音材を追加し音の侵入を抑制している。
さらに高速走行時の微小なピッチングも抑え、よりフラットな乗り心地を実現。
そして、機能だけでなく所有する歓びも追求したインテリアとエクステリア、
そのひとつひとつに、スポーツカーを愉しむためのSTIならではのこだわりが宿っている。

人車一体感を深めるべく、フロントにレカロ製バケットシートを標準装備。ホールド性の高いレカロ・スポーツスターをベースに背もたれと座面のメイン生地をアルカンターラにするほか、座面前端部の肉厚を増やしてサポート性を高めるなど独自のアレンジを施すことによって、ドライバーとシートの密着感を高めている。

スポーツメーターやメーターバイザー、ステアリングホイール、シフトノブ／シフトレバーも専用モデルを採用。カーボン調インパネパネル、ダークキャストメタリック加飾、ドアトリムなども同モデルだけの専用アイテムで、スポーティかつプレミアム感の高いインテリアとなっている。

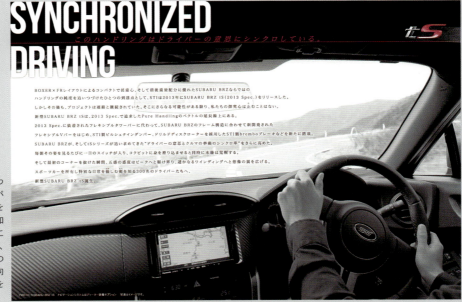

SYNCHRONIZED DRIVING

このハンドリングはドライバーの意思にシンクロしている。

"シンクロナイズドドライビング"が謳われた2015年型のBRZ tSではダンパーも新設計のビルシュタイン倒立式を採用。キャンバー剛性が35％も増加したほか、筒長を65mm延長することによってベアリングの間隔を伸ばし、フリクションの低減を実現した。この結果、フラットライド性、快適性が向上するなど、しなやかな運動特性を実現した。

95

第32章
S207
2015年

Sシリーズ史上最高のスペック、「328ps」を実現

2015年のニュルブルクリンク24時間レースにおいて総合18位で完走を果たし、SP3Tクラスで通算3度目のクラス優勝を果たしたSTI。それだけに"優勝記念モデル"の発売が注目されていたのだが、その期待に応えるかのように同年10月、STIはVAB型WRXで初のコンプリートカーとなる「S207」およびニュルブルクリンク24時間レースをイメージした「S207 NBRチャレンジパッケージ」、サンライズイエローの専用色を施した「S207 NBRチャレンジパッケージ・イエローエディション」をリリースした。

同モデルにおける最大のポイントは、パワーユニットにほかならない。高出力対応のバランスドエンジンをインストールするほか、専用ボールベアリング・ツインスクロールターボを採用。同時に専用ECUや通気抵抗を低減したインテークダクト、排気システムを採用することにより、これまでのSシリーズ史上で最高のエンジンスペックとなる328psを実現した。

これに合わせて11：1のクイックステアリングギヤボックスを採用するほか、フロントのフレキシブルドロースティフナーやフレキシブルの最適化を行うことでヨーレートの応答時間の低減を実現。さらにコーナリングや急な危険回避時にクルマの不安定な挙動を抑える電子デバイス、VDC（ビークルダイナミクスコントロール）にも専用セッティングが行われており、ブレーキの制御量や前後配分を変更することによって安定性とライントレース性の向上を実現したことも同モデルのポイントといえるだろう。

そのほか、通常走行時はダンパー内のオイル流量を増やして減衰力を低減し、乗り心地の向上を図る一方で、コーナリング時はオイル流量を絞って減衰力を高め、操縦安定性を高めるビルシュタイン製の新型ダンパー「DampMatic2」を日本車で初めて採用したことも同モデルの特徴と言える。この結果、S207では安定した乗り心地とリニアな操舵応答性を両立した。

もちろん、エクステリアもフロントアンダースポイラーやメッシュタイプのフロントグリル、エアアウトレット付きのリヤバンパーなど空力性能の高いパーツでコーディネイトされるほか、19インチの鍛造アルミホイールを採用するなど細部の熟成に余念がない。

さらにインテリアに関しても上質なセミアニリンレザーを表皮に使用した専用設計のレカロ製フロントバケットシートが採用されるほか、本革巻ステアリングホイール、本革巻MTシフトノブ、ルミネセントメーター、専用マルチファンクションディスプレイが採用されている。

そして、気になるS207 NBRチャレンジパッケージにおいても、ドライカーボン製リヤスポイラーを採用するなどニュルブルクリンク24時間レースを彷彿とさせるスタイリングを実現。そのほか、ブラック塗装のBBS製19インチアルミホイール、ウルトラスエード巻ステアリングホイールを採用するなど、これら細部の専用アイテムからもエンジニアのこだわりが窺える。

まさにS207は究極の一台で、S207で555万円、S207 NBRチャレンジパッケージで585万円、サンライズイエローのS207 NBRチャレンジパッケージ・イエローエディションは590万円と価格面においても過去最高のプライスとなったが、いずれも合計400台が発表と同時に完売。記憶にも記録にも残る一台となった。

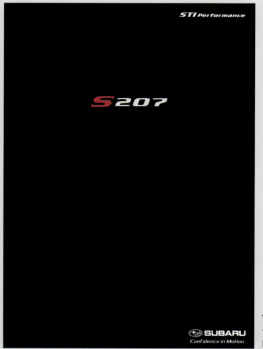

VAB型WRXで初のコンプリートカーとなったS207は400台限定で発売。そのうち、200台がレースをイメージしたS207 NBRチャレンジパッケージで、サンライズイエローのS207 NBRチャレンジパッケージ・イエローエディションは100台限定で発売された。

大型フロントアンダースポイラー、エアアウトレット付きリヤバンパーを採用するなど空力性能の高いエアロデバイスを採用。エクステリアにおいても空力性能が追求されている。ホイールは19インチの鍛造アルミで、タイヤは255/35R19の「ダンロップ SPORT MAXX RT」が装着されている。

高いパフォーマンスと同時に上質な乗り心地や快適性も確保。遮音用中間膜を挟み込んだフロントウインドスクリーンを採用するほか、吸音材・防振材などを追加するなど静粛性も追求されている。専用リヤバンパーにはチェリーレッドストライプが装着されている。

ニュルブルクリンク24時間レースをイメージしたS207 NBRチャレンジパッケージは200台の限定モデル。最大の特徴はドライカーボン製リヤスポイラーで、専用エンブレムとブラック塗装のBBS製19インチアルミホイールが採用されている。100台限定のS207 NBRチャレンジパッケージ・イエローエディションはその名のとおり、専用色のサンライズイエローが採用されている。

Handling Potential

2015年ニュルブルクリンク24時間レース優勝車「ロードバージョン」。

もっと「運転が上手くなるクルマ」へ S207で目指したのは、言うまでもなく、STI不変のテーマである「運転が世界一上手くなるクルマ」、そして「誰が乗っても安心して気持ちよく走れるクルマ」だ。それには、ハンドルを切った瞬間からクルマがイメージ通りに動くようにしなければならない。加えてS207では、このクルマに乗っているすべての人が快適であることを重視し、フラットな乗り心地と静粛性を追求した。従来STIでは量産車の技術をニュルブルクリンクのレースカーにフィードバックしてきたが、今回のS207は2015年優勝車の走り味を体現したロードバージョンなのである。

ニュルブルクリンクを安心して走る ニュルブルクリンクの北コースは路面が波打ちよりも低く、タイヤの接地性が低くなると、アンダーステアやオーバーステアにつながる。4つのタイヤの接地性を確保するには、しなやかに動くサスペンションが必要なのだ。ニュルブルクリンクの歴代レースカーのサスペンションは想像を超えるしなやかさで、それはオンボード映像に映し出されたドライバーが実に楽に運転していることにも表われている。そこでS207ではレースカーレベルの4輪接地性を追求、そして、タイヤの接地性と同時に応答性やリヤグリップも向上させるべく、シャシーや空力特性の変更を繰り返し行いながら、北コース及び一般道を徹底的に走り込んだ。その結果、安定した車両挙動となり、レースカー同様に安心して北コースを走れるクルマに仕上がった。**意のままに操る愉しさ** 私は、これまでの経験である確信を深めてきた。それは、ハンドルを切ってからヨーレートや横Gが発生する時間が短いほど、クルマを意のままに操ることができるということ。S207のステアリングギヤレシオはクイックタイプを採用している。そこで、ハンドル操作時の過敏な動きを抑えつつ応答性を高めるため、フロントのフレキシブルドロースティフナーやフレキシブルタワーバーなどを最適化した。その結果、ベンチマークとした欧州車に比べ、ハンドルを切ってからのヨーレートの応答時間を約40%、横Gを約30%低減させることができた（STI実験値）。**盤石の安定性** 操舵応答を高める剛性として取り組んだのが、リヤのグリップを上げて安定性を高めること。サスペンションが硬いと、ハンドルを操作した時にタイヤに力がかかり過ぎてしまい、応答遅れや安定性の低下につながる。これは、日本国内よりもよりドイツの一般道やニュルブルクリンクの北コースを走り込んで私たちの知見だ。そこで、レースカーの

開発を通して得たノウハウを駆使してサブフレームの動きを変更し、より早くタイヤに力が発生するよう力の伝わり方を最適化した。こうした独自の取り組みにより、S207はいままでにない盤石なリヤタイヤのグリップを獲得したのである。**レースカー・ロードバージョンとしてのパフォーマンス** 欧州の自動車専門誌のテスト方法に準じて設定したパイロン間隔18m・全長180mのスラロームを、S207はベンチマークの欧州車を1.1km/h上回る平均車速（STI実験値）で駆け抜ける。平均車速の差は小さいが180m時点での差は約3mにもなる。これもまた、意のままに走ることをひたすら追求してきた結果だ。S207に装着した部品が1つ欠けてもこの結果は得られなかった。S207のハンドルを握って、「世界一運転が上手くなるクルマ」、「安心して気持ちよく走れるクルマ」を堪能していただきたい。そして、硬いサスペンション、ノイジーな車内というスポーツカーの既成概念を覆した乗り味に驚いていただきたい。それが、ニュルブルクリンク24時間レースで得たノウハウを余さず注ぎ込んだ私たちの狙いである。

商品開発部 車両実験グループ 福田 淳（ふくだ あつし）
1991年富士重工業株式会社入社。操縦安定性・乗り心地開発に従事、STIではコンプリートカーの実験業務全般と全性能の開発を担当する。S207まで実験のリーダーとして開発を牽引。ドイツの一般道やニュルブルクリンクを自ら走り込むなど、その取り組みは全領域にわたる。

11:1のギア比を持つクイックな専用ステアリングギヤボックスを採用。同時にフレキシブルタワーバー、フレキシブルドロースティフナーなどのボディチューニングで、ヨーレートの応答遅れ時間を約13%、横G遅れを約10%、車線変更時のロールレートを約23%低減している。

S207に本革巻ステアリングホイール、S207 NBRチャレンジパッケージにウルトラスエード巻ステアリングを採用するほか、本革巻MTシフトノブ、ルミネセントメーターなど専用アイテムでコーディネイトするなど、インテリアからもエンジニアのこだわりが窺える。

シートは上質なセミアニリンレザーを表皮に採用したレカロ製バケットタイプフロントシートで大腿部のサポート性と腰回りのホールド性が向上。さらにバックレストのフォルムを最適化するなどホールド性が追求されている。

S207は2015年のニュルブルクリンク24時間レースを制した優勝モデルのロードゴーイングバージョンといった仕上がり。スペックはもちろん、プライス面においても過去最高の数値となったが、発表と同時に合計400台が完売した。

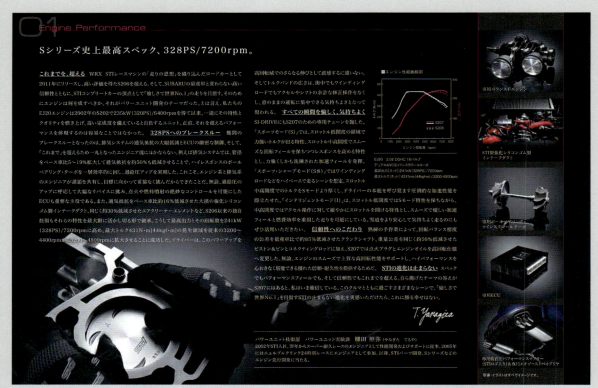

01 Engine Performance

Sシリーズ史上最高スペック、328PS/7200rpm。

これまでを、超える WRX STIレースマシンの「走りの思想」を織り込んだロードカーとして2011年にリリースし、高い評価を得たS206を超えるという、信頼性とともに、STIコンプリートカーの頂点として「愉しさで世界No.1」の走りを目指す。そのためにエンジンは何を成すべきか。それがパワーユニット開発のテーマだった。とは言え、私たちのEJ20エンジンは2002年のS202で235kW（320PS）/6400rpmを得て以来、そのモノ特性とクオリティを磨き上げ、高い完成度を備えていると自負するユニット。正直、それを超えるパフォーマンスを体現するのは容易なことではなかった。 **328PSへのブレークスルー** 難関のブレークスルーとなったのは、排気システムの通気抵抗の大幅低減とECUの緻密な制御。そして、「これまで」を超えるため一丸となったエンジニア魂にほかならない。例えば排気システムでは、管径をベース車比5〜19%拡大して通気抵抗を約50%も低減させることで、ハイレスポンスのボールベアリング・ターボを一層効率的に回し、過給圧アップを実現した。これこそ、エンジン系と排気系のエンジニアが課題を共有し、目標に向かって変貌なき挑んだからこそできたことだ。無論、過給圧のアップに呼応して大幅なバイパスに挑み、点火や燃料噴射の絶妙なコントロールを可能にしたECUも重要な主役である。通気抵抗をベース車比16％低減させた大径の強化シリコンゴム製インテークダクト、同じく通気抵抗30%低減させたエアクリーナーエレメント、S206以来の独自技術なものもそれらの特性を最大に活かし切る形で継承。こうして最高出力その回転数を241kW（328PS）/7200rpmに高め、最大トルク431N·m（44kgf·m）の発生領域を従来の3200〜4400rpmから3200〜4800rpmに拡大させることに成功した。ドライバーは、このパワーアップを 高回転域でのさらなる伸びとして直感するに違いない。そしてトルクバンドの広さは、街中でもワインディングロードでもアクセルやシフトの余計な修正操作がなくなり、意のままの運転に集中できる気持ちよさとなって現れる。 **すべての瞬間を愉しむ、気持ちよく** SI-DRIVEにもS207のための専用チューンを施した。「スポーツモード（S）」では、スロットル低開度の領域で力強いトルクを引き出す特性、スロットル中高開度でスムーズな回転フィールを保ちつつレスポンスを高める特性とし、力強いしかも洗練された加速フィールを発揮。「スポーツ・シャープモード（S#）」ではワインディングロードなどをハイペースで走るシーンを想定。スロットル中高開度でのトルクをSモードより厚くし、ドライバーの本能を呼び覚ます圧倒的な加速性能を際立たせた。「インテリジェントモード（I）」は、スロットル低開度ではSモード特性を保ちながら、中高開度ではアクセル操作に対してスロットルを閉じる特性とし、スムーズで優しい加速フィールと燃費効率を重視した走りを可能にしている。雪道をより安心して気持ちよく走るのにもぜひ活用していただきたい。 **信頼性へのこだわり** 熟練の手作業によって、回転バランス精度の公差を量産車比で約85%低減させたクランクシャフト、重量公差を同じく約50%低減させたピストン＆ピンとコネクティングロッドに加え、S207では点火プラグとエンジンオイルを高回転仕様へ変更し、無論、エンジンのスムーズで上質な高回転性をサポートし、ハイパフォーマンスを心ゆくまで愉しめるための信頼・耐久性を提供するために。 **STIの進化は止まらない** スペックでもパフォーマンスフィールでも、そして信頼性でもこれまでを超える。自ら掲げたテーマの答えがS207にはあると、私はいま確信している。このクルマとともに過ごすさまざまなシーンで、「愉しさで世界No.1」を目指すSTIの止まらない進化を実感いただけたら、これに勝る幸せはない。

T. Yanagida

■エンジン性能曲線図

EJ20 2.0L DOHC 16バルブ
デュアルAVCSツインスクロールターボ
最高出力[ネット] 241kW(328PS)/7200rpm
最大トルク[ネット] 431N·m(44kgf·m)/3200-4800rpm

パワーユニット技術部　パワーユニット実験課　柳田 照弥（やなぎだ　てるや）
2002年STI入社。翌年からスーパー耐久レースのエンジニアとして性能開発およびサポートに従事。2005年にはニュルブルクリンク24時間レースのエンジニアとして参加。以降、STIパーツ開発、Sシリーズなどのエンジン先行開発に当たる。

専用バランスドエンジン

STI製強化シリコンゴム製インテークダクト

専用ボールベアリングツインスクロールターボ

専用ECU

専用発音ドパフォーマンスマフラー（STIロゴ入り）&STI製エキゾーストパイプリヤ

※写真・イラストはすべてイメージです

S207の最大の特徴がエンジンで、構成部品のバランス取りはもちろん、専用設計のECUを採用することで緻密な制御を実現したほか、排気システムの通気抵抗をベース車と比較して約50%も低減したという。この結果、ボールベアリングターボの効率が上がり、加給圧が向上。これら一連のモディファイによって最高出力382ps、最大トルク44kgf·mと、これまでのSシリーズ史上最高のスペックを実現した。

02 Dynamic Quality

シャシーで目指したもうひとつの性能は「上質」。

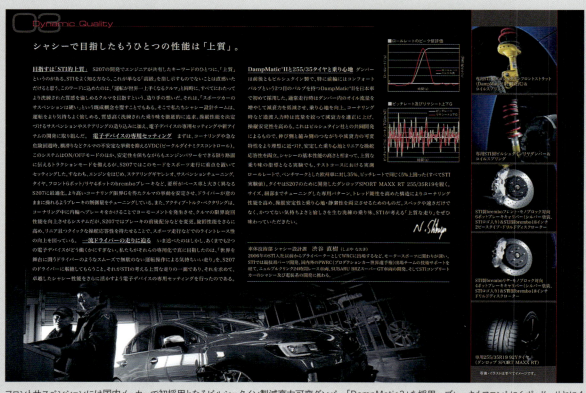

目指すは「STI的上質」 S207の開発でエンジニアが共有したキーワードのひとつに、「上質」というのがある。STIをよく知る方なら、それが単なる「高級」を指し示すものでないことは直感するだけと思う。このワードに込めたのは、「運転が世界一上手くなるクルマ」と同時に、すべてにわたってより洗練された質感を愉しめるクルマを目指すという、造り手の想いだ。それは、「スポーツカーのサスペンションは硬い」という既成概念を覆すことでもある。そこで、私たちシャシー設計チームは運転がより気持ちよく愉しめる、質感高く洗練された乗り味を徹底的に追求。操縦性能を決定づけるサスペンションやステアリングの造り込みに加え、電子デバイスの専用セッティングや新アイテムの開発にも取り組んだ。 **電子デバイスの専用セッティング** これは、コーナリングや急な危険回避時、横滑りなどクルマの不安定な挙動を抑えるVDC（ビークルダイナミクスコントロール）。このシステムはON/OFFモードのほか、安定性を保ちながらもエンジンパワーをできる限り路面に伝えるトラクションモードを備えるが、S207ではこのモードをスポーツ走行に重点を置いたセッティングした。すなわち、エンジンはじめ、ステアリングギヤレシオ、サスペンションチューニング、タイヤ、フロント6ポット/リヤ4ポットのbremboブレーキなど、要所がベース車と大きく異なるS207に最適化、より高いコーナリング限界Gを得たクルマの挙動を安定させ、ドライバーが意のままに操れるクルマの制御を行なっている。また、アクティブ・トルク・ベクタリングは、コーナリング中に内輪へブレーキをかけることでヨーモーメントを発生させ、クルマの限界旋回性能を向上させるシステムだが、S207ではブレーキの前後配分などを変更。旋回性能をさらに高め、リニア感ある操縦応答性を持たせることで、スポーツ走行などでのラインレースの向上を図っている。 **一流ドライバーの走りに迫る** いま述べたのはむしろ、あくまで2つの電子デバイスがどう働くかにすぎない。私たちがそれらの専用化でまず目指したのは、「世界を舞台に闘うドライバーの走りのようにスムーズで無駄のない、走り」を、S207のドライバーにも味わってもらうこと、それがSTIの考える上質な走りの一面であり、それを求めて、卓越したシャシー性能をさらに活かすよう電子デバイスの専用セッティングを行なったのである。 **DampMatic"II"と255/35タイヤと乗り心地** ダンパーは前後ともビルシュタイン製で、特に前輪にはコンフォートバルブという2つ目のバルブを持つDampMatic"II"を日本車で初めて採用した。通常走行時はダンパー内のオイル流量を増やして減衰力を低減させ、乗り心地を向上、コーナリング時など過渡入力時は流量を絞って減衰力を適正に上げ、操縦安定性も高める。これはビルシュタイン社との共同開発によるもので、伸び側と縮み側のつながりや減衰力の可変特性をより理想に近づけ、安定した乗り心地とリニアな操縦応答性を両立。シャシーの基本性能の高さと相まって、上質な乗り味の指標となる実験でも、テストコースにおける実測ロールレートで、ベンチマークとした欧州車に対し35%、ピッチレートで同じく5%回った（すべてSTI実験値）。タイヤはS207のために開発したダンロップSPORT MAXX RT 255/35R19を履く。サイズ、細部までチューニングした専用パターン、トレッド剛性を高めた構造によりコーナリング性能と操縦安定性を高め、操縦安定性と快適性とを両立させるためのものだ。スペックの速さだけでなく、かつてない気持ちよさと愉しさを生む洗練の乗り味、STIが考える「上質な走り」をぜひ味わっていただきたい。

N. Shibuya

■ロールレートのピーク値評価

■ピッチレート及びリヤシート上下G

車体技術部 シャシー設計課　渋谷 直樹（しぶや なおき）
2006年のSTI入社前からプライベーターとしてWRCに出場するなど、モータースポーツに関わりが深い。STIでは競技用パーツ開発、国内外のPWRC（プロダクションカー世界選手権）出場チームの技術サポートを経て、ニュルブルクリンク24時間レース車両、SUBARU BRZスーパーGT車両の開発、そしてSTIコンプリートカーのシャシー及び艤装系の開発に携わる。

専用STI製ビルシュタイン製フロントストラット（DampMatic"II"ロゴ入り）&コイルスプリング

専用STI製ビルシュタイン製リヤダンパー&コイルスプリング

STI製bremboフロント・モノブロック対向6ポットブレーキキャリパー（シルバー塗装、STIロゴ入り）&STI製brembo18インチ2ピースタイプ・ドリルドディスクローター

STI製bremboリヤ・モノブロック対向4ポットブレーキキャリパー（シルバー塗装、STIロゴ入り）&STI製brembo18インチドリルドディスクローター

専用255/35R19 92Yタイヤ（ダンロップ SPORT MAXX RT）

※写真・イラストはすべてイメージです

フロントサスペンションには国内メーカーで初採用となるビルシュタイン製減衰力可変ダンパー「DampMatic2」を採用。ブレーキもフロントに6ポッド、リヤに4ポッドのモノブロック対向キャリパーを採用するなどブレンボ製のシステムで最適化が実施されている。ローターもフロント2ピース、リヤ1ピースのドリルドタイプで、フェード現象を抑制しつつ、高い制動力を発揮する。

100

第33章
XVハイブリッドtS
2016年

「XV」かつ「ハイブリッド」で新たな価値観を提供

　共通のコンセプトを踏襲しながらも、時代に合わせて常に新しいトライを実施するSTIは2016年9月、コンパクトSUVのハイブリッドモデルをベースに開発した特別仕様車「XVハイブリッドtS」を発表。同年の秋の発売に向けて、7月より先行予約を実施した。

　同モデルはSTIにとって、XVおよびハイブリッド車両で初めて手がけるコンプリートカーとなったが、従来の限定モデルと同様にリニアなハンドリングとしなやかな乗り心地を追求。同時に内外装のデザインはスポーツカジュアル、いわゆる"スポカジ"をより進化させていることもポイントで、これまでのコンプリートカーのイメージにとらわれることなく、より自由な発想でアレンジされるなど、XVの個性にさらなる磨きがかけられている。

　まず、走行面における技術的なトピックスは、フレキシブルタワーバー、フレキシブルドロースティフナーフロント、チューニングダンパー&コイルスプリングなどSTIコンプリートカーの定番アイテムが装着されていることで、さらに高剛性クランプスティフナーをインストール。この結果、車両応答性とリニア感を実現するとともに高速安定性と危険回避性能の向上を両立している。

　さらにピッチングの少ないフラットでしなやかな乗り心地を実現したこともポイントで、100km/h走行時の静寂性もベース車両と比較して約4ポイント向上したという。

　一方、エクステリアに関してはオレンジピンストライプを施したフロントスポイラーをはじめ、サイドアンダースポイラー、ルーフエンドスポイラーを採用するなど、スポーツカジュアル性が強調されていることも特筆される。オレンジ塗装および切削光輝を施した17インチのアルミホイールで足元のドレスアップを施していることも、スタイルをより個性的なものとしている。

　さらにSTI装着オプションとしてスポーツマフラーが設定されていることから、好みに応じてよりスポーティ感を押し出せることもポイントだろう。

　インテリアに関してもシート表皮にSTIロゴ入りの本革、ブラックのウルトラスエード、オレンジの合成皮革、アイボリーのトリコットを組み合わせたシートを採用するほか、オレンジ色のステッチを施すなど独自のカラーコーディネイトで演出されている。

　まさに、同モデルは"tSシリーズ"ならではのハンドリング性能と乗り心地を持ちながらも、スポカジのテイストを強調することにより独自のスタイリングを築き上げた"チャレンジング"なモデルで、SUVハイブリッドに新たな価値観を提供するモデルとなった。

2016年9月、STIはコンパクトSUVのVX、そしてハイブリッド車両としても初のコンプリートカーとなる「XVハイブリッドtS」を発表。tSシリーズとしてハンドリング性能および快適性を高めながらも、ファッショナブルな内外装に意欲的にチャレンジした。カタログも遊び心が満載のライトな仕上がりとなっており、このモデルのコンセプトを良く伝えている。

これまでSTIコンプリートカーは、スポーティかつプレミアムなイメージが強かったが、同モデルは"スポカジ（スポーツカジュアル）"をテーマに内外装がコーディネイトされているだけに個性的なエクステリアとなっている。オレンジピンストライプのフロントスポイラーおよびアンダースポイラーを採用するほか、ダークメッキ加飾付フロントグリルを採用するなどカジュアルでライトなスタイリングを確立。オレンジ塗装＆切削光輝の17インチアルミホイールもエクステリアの注目すべきポイントである。

ルーフエンドスポイラーもオレンジピンストライプでコーディネイト。オプションでスポーツマフラーやブラックルーフレールが設定されるなどアレンジの自由度も高い。ブラック電動格納式リモコンドアミラーミラー、カラードドアハンドルを装備するなど細部のドレスアップにも余念がなく、STIコンプリートカーにふさわしいクオリティの高さを備えている。

Body Color

オレンジのピンストライプが映える、3色のボディカラーをラインアップ。洗練されたクリスタルホワイト・パールか、スポーティなクリスタルブラック・シリカか、大胆なハイパーブルーか。3つのカラーでそれぞれ異なる個性が輝きます。

SUBARU XV HYBRID tS
［ベース車:SUBARU XV HYBRID 2.0i-L EyeSight］
2.0ℓ DOHC＋モーター リニアトロニック AWD（常時全輪駆動）
参考価格（消費税8％込）
3,326,400 円
消費税抜き価格 3,080,000円

3つのボディカラーをラインナップ。洗練されたクリスタルホワイト・パール、スポーティな印象が強いクリスタルブラック・シリカ、強烈な存在感を放つ大胆なハイパーブルーといずれも個性的で、ポイントであるオレンジのピンストライプが映える、見た目のインパクトが強いカラーリングとなっている。

インテリアに関してもファッション性が高く、オレンジ、ベージュ、ブラックでコーディネイトされている。オレンジステッチ、シルバー／ブラック加飾＆ダークキャストメタリック加飾付の本革巻ステアリングおよび本革巻セレクトレバーを採用するほか、ピアノブラック調＋ダークキャストメタリックのインパネ加飾、アイボリー／オレンジステッチのドアトリム加飾など明るい質感を演出。個性的な室内空間に仕上がっている。

シートは、ブラックのウルトラスエード＆本革をメインに、オレンジの合成皮革＆アイボリーのトリコットをサイドにした専用シートを採用するなど、こだわりが窺える。ヘッドレストもオレンジステッチ、ドアアームレストもオレンジ表皮／オレンジステッチとするなど、コンセプトどおり、スポーティな雰囲気にカジュアルの要素を盛り込んだインテリアとなっている。

103

Special Items

NEW FEELING
NEW IMAGINATION
NEW EXPERIENCE

UP-TO-DATE STYLE

"Sport, Always!"
This is the concept of STI complete cars.
For more detail
>>> www.sti.jp

SUBARU XV HYBRID tS

フレキシブルタワーバー、フレキシブルドロースティフナーフロント、チューニングダンパー&コイルスプリングなどtSシリーズの定番アイテムを装着。さらに高剛性のクランプスティフナーを装着することにより、いずれもベース車比で操舵応答の応答遅れ時間を約15%低減するほか、ロールレートを約6%、ピッチレイトを約8%低減し、操縦安定性および乗り心地の向上を実現している。

カタログの裏表紙も表紙とリンクした仕上がりで、デザイン性が高い。どことなく"スポカジ"の代名詞でもあるエクストリーム系の匂いが漂う。運転支援システムのアイサイト(Ver.2)を標準で装備するほか、後側方警戒支援システムのスバルリヤビークルディテクション、ハイビームアシストなどアドバンスドセイフティパッケージがオプションで設定され、安全性にも配慮されている。そのため、以前からSTIコンプリートカーに憧れていたファンだけでなく、初めてSTIに興味を持った人も安全装備に守られながら、STIの走りの楽しさを体験できるクルマになっている。

Body Color & Price

Seat Material

なめらかな触感のウルトラスエードや本革などを組み合わせた専用シート。ブラック、オレンジ、アイボリーでコーディネートしたほか、ステッチの配色にもこだわるなど、遊び心あるデザインに仕上げました。また、クッションには低反発の素材を採用し、適度なホールド感をもたせるとともに走行中の微振動を吸収、疲れにくい設計です。

Option

ブラックルーフレール

STIスポーツマフラー(STIロゴ入り)

こだわりの専用シートを装備。ブラック、オレンジ、アイボリーによるインパクトの強いカラーリングを施すほか、なめらかな感触のウルトラスエードや本革を組み合わせるなど、デザイン性のみならず座り心地や快適性が高められている。低反発の素材をクッションに採用し、適度なホールド性を確保。走行中の微振動を吸収することで疲れを軽減している。

■年　表

※2016年9月現在

年	社長	主な特装車・特別仕様車	主な出来事
1988	4月　久世隆一郎就任		富士重工業㈱の子会社として創立（4月2日）（資本金5000万円） 増資1億5000万円（11月2日）（増資後資本金2億円）
1989		レガシィRS typeRA 発売	増資5000万円（1月12日）（増資後資本金2億5000万円） FIA公認、"スバル・レガシィ"10万km連続走行　世界速度新記録223.345km/h達成
1990			1990年サファリからWRC（世界ラリー選手権）本格参戦 ベスト総合4位、サファリ史上初のグループN優勝
1991			WRCベスト総合3位
1992		レガシィツーリングワゴンSTI発売（200台限定）	WRCベスト総合2位
1993			WRCニュージーランドでレガシィ初の総合優勝を獲得 WRC1000湖ラリーにインプレッサデビュー レガシィ、APRCでマニュファクチャラーズ＆ドライバーズチャンピオン獲得
1994		インプレッサWRX STI発売 インプレッサWRX typeRA STI発売	WRCアクロポリス、ニュージーランド、RACラリーでインプレッサが優勝 APRCで2年連続マニュファクチャラーズ＆ドライバーズチャンピオン獲得
1995		インプレッサWRX　STIバージョンⅡ発売 インプレッサWRX typeRA　STIバージョンⅡ発売	WRCモンテカルロ、ポルトガル、ニュージーランド、カタルーニャ、RACラリーで優勝 WRCでマニュファクチャラーズ＆ドライバーズ両チャンピオン獲得
1996		インプレッサWRX　STIバージョンⅢ発売 インプレッサWRX typeRA　STIバージョンⅢ発売	WRC アクロポリス、サンレモ、カタルーニャ優勝 WRCでマニュファクチャラーズチャンピオン獲得 APRCでドライバーズチャンピオン獲得
1997	10月　山田剛正就任	インプレッサWRX　STIバージョンⅣ発売 クーペ　インプレッサWRX　typeR STIバージョンⅣ発売 インプレッサWRX　typeRA　STIバージョンⅣ発売	WRC初のWRカーを初戦から投入 WRCでモンテカルロからサファリまで3連続優勝 WRCでサンレモからRACラリーまでの3連続優勝　年間8勝を獲得 WRCでマニュファクチャラーズチャンピオン獲得（日本車初の3連覇達成）
1998		インプレッサ22B STIバージョン発売（400台限定） インプレッサWRX STIバージョンⅤ発売 インプレッサWRX　typeRA STIバージョンⅤ発売 クーペ　インプレッサWRX　typeR STIバージョンⅤ発売	WRC ポルトガル、コルシカ、アクロポリス優勝
1999		インプレッサWRX STIバージョンⅥ発売 インプレッサWRX　typeRA STIバージョンⅥ発売 クーペ　インプレッサWRX　typeR STIバージョンⅥ発売	WRC アルゼンチン、アクロポリス、フィンランド、オーストラリア、GB優勝
2000		インプレッサS201 STIバージョン発売（300台限定） フォレスター　S/tb　STI発売	WRCサファリ、ポルトガル、アルゼンチン、GB優勝
2001	10月　桂田勝就任	フォレスターSTIⅡタイプM発売（800台限定）	WRCニュージーランド優勝（初戦からニューエイジインプレッサで出場） WRCドライバーズタイトル獲得
2002		インプレッサS202 STIバージョン発売（400台限定） レガシィS401 STIバージョン発売（400台限定）	WRCモンテカルロ、GB優勝（WRC通算35勝）
2003			WRC キプロス、オーストラリア、コルシカ、GB優勝 WRCドライバーズタイトル獲得 PWRCインプレッサ ニュージーランド、アルゼンチン、キプロス優勝 PWRCマーチン・ロウ　チャンピオン獲得
2004		インプレッサWRX STIスペックC typeRA発売（300台限定） インプレッサS203発売（555台限定）	WRC ニュージーランド、アクロポリス、日本、GB、イタリア優勝 PWRCインプレッサ　オーストラリア優勝 PWRCナイオール・マクシェア　チャンピオン獲得
2005		レガシィtuned by STI 2005発売（600台限定） インプレッサWRX STIスペックC typeRA 2005発売（350台限定） インプレッサS204発売（600台限定）	WRC スウェーデン、メキシコ、GB優勝 PWRCインプレッサ　スウェーデン、キプロス、トルコ、アルゼンチン、GB、日本、オーストラリア優勝 PWRC新井敏弘　チャンピオン獲得
2006		レガシィtuned by STI 2006発売（600台限定） インプレッサWRX STIスペックC typeRA-R発売（300台限定）	PWRCインプレッサ　メキシコ、アルゼンチン、アクロポリス、オーストラリア、ニュージーランド優勝 PWRCナッサー・アルアティヤー　チャンピオン獲得
2007	6月　工藤一郎就任	レガシィtuned by STI 2007発売（600台限定）	PWRCインプレッサ　スウェーデン、アクロポリス、ニュージーランド、アイルランド優勝 PWRC新井敏弘　チャンピオン獲得
2008		レガシィS402発売（402台限定） インプレッサWRX STI特別仕様車「STI 20th ANNIVERSARY」発売（300台限定）	創立20周年 PWRC GB優勝 世界ラリー選手権ワークス活動の終了
2009	4月　日月丈志就任	エクシーガ tuned by STI 発売（300台限定）	PWRCインプレッサ　アルゼンチン、イタリア優勝 ニュルブルクリンク24時間レース　総合33位、SP3Tクラス5位完走
2010	4月　唐松洋之就任	R205発売（400台限定）／レガシィtS発売（600台限定） フォレスターtS発売（300台限定）／WRX STI tS発売（400台限定）	PWRCインプレッサ　スウェーデン、ヨルダン、日本優勝 ニュルブルクリンク24時間レース　総合24位、SP3Tクラス4位完走
2011		S206発売（300台限定）	PWRCインプレッサ　ポルトガル、アルゼンチン、フィンランド、オーストラリア、スペイン、GB優勝 PWRCヘイデン・パッドン　チャンピオン獲得 IRC新井敏弘　プロダクションカップチャンピオン獲得 ニュルブルクリンク24時間レース　総合21位、SP3Tクラス優勝
2012		エクシーガ tS発売（300台限定） レガシィ2.5i アイサイトtS発売（300台限定）	PWRCインプレッサ　ニュージーランド、イタリア優勝 IRCプロダクションカップ　コルシカ、イブルー、サンマリノ、チェコ、キプロス優勝 ニュルブルクリンク24時間レース　総合28位、SP3Tクラス優勝
2013		WRX STI tS typeRA発売（300台限定） BRZ tS発売（500台限定）	ERCアンドレアス・アイグナー　プロダクションカップチャンピオン獲得 ニュルブルクリンク24時間レース　総合26位、SP3Tクラス2位完走
2014	4月　平川良夫就任	フォレスターtS発売（300台限定）	ニュルブルクリンク24時間レース　総合32位、SP3Tクラス4位完走
2015		BRZ tS発売（300台限定） S207発売（400台限定）	ニュルブルクリンク24時間レース　総合18位、SP3Tクラス優勝 JRC新井敏弘　JN6クラスチャンピオン獲得
2016		XVハイブリッドtS 発表	ニュルブルクリンク24時間レース　総合20位、SP3Tクラス優勝

105

■STIコンプリートカー　スペック一覧

モデル名	レガシィRSタイプRA	レガシィ・ツーリングワゴンSTI	インプレッサWRX STI（セダン／ワゴン）	インプレッサWRXタイプRA STI
発売日	1989年12月	1992年8月	1994年1月	1994年9月
全長(mm)	4510	4620	4340	4340
全幅(mm)	1690	1690	1690	1690
全高(mm)	1395	1500	1405／1440	1405
ホイールベース(mm)	2580	2580	2520	2520
トレッド(mm)	前：1465／後：1455	前：1465／後：1455	前：1465／後：1455	前：1465／後：1455
変速機形式	5MT	E-4AT	5MT	5MT
エンジン型式	EJ20	EJ20	EJ20	EJ20
形式	水平対向4気筒ターボ	水平対向4気筒ターボ	水平対向4気筒ターボ	水平対向4気筒ターボ
排気量(cc)	1994	1994	1994	1994
内径×行程(mm)	92.0×75.0	92.0×75.0	92.0×75.0	92.0×75.0
最大出力[PS/rpm]	220/6400	220/6000	250/6500	275/6500
最大トルク[kgf・m/rpm]	27.5/4000	27.5/3600	31.5/3500	32.5/4000
販売価格※	249万5000円	337万5000円	277万8000円／285万8000円	272万8000円
限定台数	20台／月	200台	100台／月	50台／月

モデル名	インプレッサ22B STIバージョン	インプレッサS201 STIバージョン	フォレスターSTI II タイプM	インプレッサS202 STIバージョン
発売日	1998年3月	2000年2月	2001年10月	2002年5月
全長(mm)	4365	4375	4485	4405
全幅(mm)	1770	1690	1735	1730
全高(mm)	1390	1405	1535	1425
ホイールベース(mm)	2520	2520	2525	2540
トレッド(mm)	前：1480／後：1500	前：1470／後：1460	前：1480／後：1475	前：1490／後：1485
変速機形式	5MT	5MT	5MT	6MT
エンジン型式	EJ22改	EJ20	EJ20	EJ20
形式	水平対向4気筒ターボ	水平対向4気筒ターボ	水平対向4気筒ターボ	水平対向4気筒ターボ
排気量(cc)	2212	1994	1994	1994
内径×行程(mm)	96.9×75.0	92.0×75.0	92.0×75.0	92.0×75.0
最大出力[PS(kW)/rpm]	280/6000	300(221)/6500	250(184)/6000	320(235)/6400
最大トルク[kgf・m(N・m)/rpm]	37.0/3200	36.0(353)/4000	31.5(309)/4000	39.2(384)/4400
販売価格※	500万円	390万円	260万円	360万円
限定台数	400台	300台	800台	400台

モデル名	レガシィS401 STIバージョン	インプレッサWRX STIスペックC タイプRA	インプレッサS203	レガシィ2.0 GTスペックB チューンド・バイ STI（セダン／ワゴン）
発売日	2002年10月	2004年10月	2004年12月	2005年8月
全長(mm)	4615	4425	4415	4365／4680
全幅(mm)	1695	1740	1740	1730
全高(mm)	1400	1410	1410	1420／1460
ホイールベース(mm)	2650	2540	2540	2670
トレッド(mm)	前：1465／後：1465	前：1495／後：1505	前：1490／後：1500	前：1495／後：1490
変速機形式	6MT	6MT	6MT	5MT／E-5AT
エンジン型式	EJ20	EJ20	EJ20	EJ20
形式	水平対向4気筒ターボ	水平対向4気筒ターボ	水平対向4気筒ターボ	水平対向4気筒ターボ
排気量(cc)	1994	1994	1994	1994
内径×行程(mm)	92.0×75.0	92.0×75.0	92.0×75.0	92.0×75.0
最大出力[PS(kW)/rpm]	293(216)/6400	280(206)/6400	320(235)/6400	5MT：280(206)/6400 E-5AT：260(191)/6000
最大トルク[kgf・m(N・m)/rpm]	35.0(343)/4400-5600	42.0(412)/4400	43.0(422)/4400	35.0(343)/2400
販売価格※	435万円	348万円	439万円	5MT：360万円／373万円 E-5AT：367万円／380万円
限定台数	400台	300台	555台	600台

モデル名	インプレッサWRX STI スペックC タイプRA 2005	インプレッサS204	レガシィ2.0 GT スペックB チューンド・バイ STI（セダン／ワゴン）	インプレッサWRX STI スペックCタイプRA-R
発売日	2005年8月	2005年12月	2006年8月	2006年11月
全長(mm)	4475	4475	4365／4680	4475
全幅(mm)	1740	1740	1730	1740
全高(mm)	1410	1410	1420／1460	1410
ホイールベース(mm)	2540	2540	2670	2540
トレッド(mm)	前：1495／後：1505	前：1490／後：1500	前：1495／後：1490	前：1490／後：1500
変速機形式	6MT	6MT	6MT／E-5AT	6MT
エンジン型式	EJ20	EJ20	EJ20	EJ20
形式	水平対向4気筒ターボ	水平対向4気筒ターボ	水平対向4気筒ターボ	水平対向4気筒ターボ
排気量(cc)	1994	1994	1994	1994
内径×行程(mm)	92.0×75.0	92.0×75.0	92.0×75.0	92.0×75.0
最大出力[PS(kW)/rpm]	280(206)/6400	320(235)/6400	6MT：280(206)/6400 E-5AT：260(191)/6000	320(235)/6400
最大トルク[kgf·m(N·m)/rpm]	43.0(422)/4400	44.0(432)/4400	6MT：35.0(343)/2400 E-5AT：35.0(343)/2000	44.0(432)/4400
販売価格※	364万円	458万円	379万円／392万円	408万円
限定台数	350台	600台	600台	300台

モデル名	レガシィ2.0 GT スペックB チューンド・バイ STI（セダン／ワゴン）	S402（セダン／ワゴン）	インプレッサWRX STI 20th アニバーサリー	エクシーガ2.0 GT チューンド・バイ STI
発売日	2007年8月	2008年6月	2008年10月	2009年10月
全長(mm)	4635／4680	4635／4680	4415	4740
全幅(mm)	1730	1770	1795	1775
全高(mm)	1425／1465	1430／1470	1465	1650
ホイールベース(mm)	2670	2670	2625	2750
トレッド(mm)	前：1495／後：1490（セダン） 前：1495／後：1485（ワゴン）	前：1500／後：1495（セダン） 前：1500／後：1490（ワゴン）	前：1535／後：1545	前：1525／後：1530
変速機形式	6MT／E-5AT	6MT	6MT	E-5AT
エンジン型式	EJ20	EJ25	EJ20	EJ20
形式	水平対向4気筒ターボ	水平対向4気筒ターボ	水平対向4気筒ターボ	水平対向4気筒ターボ
排気量(cc)	1994	2457	1994	1994
内径×行程(mm)	92.0×75.0	99.5×79.0	92.0×75.0	92.0×75.0
最大出力[PS(kW)/rpm]	6MT：280(206)/6400 E-5AT：260(191)/6000	285(210)/5600	308(227)/6400	225(165)/5600
最大トルク[kgf·m(N·m)/rpm]	6MT：35.0(343)/2400 E-5AT：35.0(343)/2000	40.0(392)/2000-4800	43.0(422)/4400	33.2(326)/4400
販売価格※	394万円／407万円	510万円／523万円	393万円	342万円
限定台数	600台	402台	300台	300台

モデル名	R205	レガシィ2.5GT tS（B4／ツーリングワゴン）	フォレスターtS	WRX STI tS／WRX STI A-Line tS
発売日	2010年1月	2010年6月	2010年10月	2010年12月
全長(mm)	4415	4730／4775	4560	4580
全幅(mm)	1795	1780	1780	1795
全高(mm)	1465	1490／1520	1660	1465
ホイールベース(mm)	2625	2750	2615	2625
トレッド(mm)	前：1535／後：1545	前：1535／後：1545	前：1535／後：1535	前：1535／後：1545
変速機形式	6MT	6MT／E-5AT	E-5AT	6MT／E-5AT
エンジン型式	EJ20	EJ25	EJ25	EJ20／EJ25
形式	水平対向4気筒ターボ	水平対向4気筒ターボ	水平対向4気筒ターボ	水平対向4気筒ターボ
排気量(cc)	1994	2457	2457	1994／2457
内径×行程(mm)	92.0×75.0	99.5×79.0	99.5×79.0	92.0×75.0／99.5×79.0
最大出力[PS(kW)/rpm]	320(235)/6400	285(210)/6000	263(193)/6000	308(227)/6400／300(221)/6200
最大トルク[kgf·m(N·m)/rpm]	44.0(431)/4400	35.7(350)/2000-5600	35.4(347)/2800-4800	43.8(430)/3200／35.7(350)/2800-6000
販売価格※	451万円	383万8000円／398万8000円	345万円	450万円／402万円
限定台数	400台	600台	300台	400台

モデル名	S206 (NBRチャレンジパッケージ)	エクシーガtS	レガシィ2.5i EyeSight tS (B4／ツーリングワゴン)	WRX STI tS タイプ RA (NBRチャレンジパッケージ)
発売日	2011年11月	2012年7月	2012年11月	2013年7月
全長(mm)	4605	4740	4755／4800	4605
全幅(mm)	1795	1775	1780	1795
全高(mm)	1465	1650	1490／1520	1465
ホイールベース(mm)	2625	2750	2750	2625
トレッド(mm)	前：1535／後：1545	前：1530／後：1535	前：1530／後：1540	前：1535／後：1545
変速機形式	6MT	E-5AT	CVT	6MT
エンジン型式	EJ20	EJ20	FB25	EJ20
形式	水平対向4気筒ターボ	水平対向4気筒ターボ	水平対向4気筒	水平対向4気筒ターボ
排気量(cc)	1994	1994	2498	1994
内径×行程(mm)	92.0×75.0	92.0×75.0	94.0×90.0	92.0×75.0
最大出力 [PS(kW)/rpm]	320(235)/6400	225(165)/5600	173(127)/5600	308(227)/6400
最大トルク [kgf・m(N・m)/rpm]	44.0(431)/3200-4400	33.2(326)/4400	24.0(235)/4100	43.8(430)/3200
販売価格※	515万円 (NBRチャレンジパッケージ：565万)	357万円	336万円／351万円	420万円 (NBRチャレンジパッケージ：460万) (NBRチャレンジパッケージ・レカロ：484万)
限定台数	300台	300台	300台	300台

モデル名	BRZ tS／ BRZ tS（GTパッケージ）	フォレスターtS	BRZ tS	S207
発売日	2013年8月	2014年11月	2015年6月	2015年10月
全長(mm)	4260	4595	4260	4365
全幅(mm)	1775	1795	1775	1795
全高(mm)	1290	1770	1310	1470
ホイールベース(mm)	2570	2640	2570	2650
トレッド(mm)	前：1520／後：1545	前：1550／後：1560	前：1520／後：1545	前：1535／後：1550
変速機形式	6MT／E-6AT	CVT	6MT／E-6AT	6MT
エンジン型式	FA20	FA20	FA20	EJ20
形式	水平対向4気筒	水平対向4気筒ターボ	水平対向4気筒	水平対向4気筒ターボ
排気量(cc)	1998	1998	1998	1994
内径×行程(mm)	86.0×86.0	86.0×86.0	86.0×86.0	92.0×75.0
最大出力 [PS(kW)/rpm]	200(147)/7000	280(206)/5700	200(147)/7000	328(241)/7200
最大トルク [kgf・m(N・m)/rpm]	20.9(205)/6400〜6600	35.7(350)/2000〜5600	20.9(205)/6400〜6600	44.0(431)/3200〜4800
販売価格※	6MT：349万円 E-6AT：356万5000円 (6MT：409万円／E-6AT：416万5000円)	402万7778円	6MT：369万4444円 E-6AT：376万9444円	555万円 (NBRチャレンジパッケージ：585万) (NBRチャレンジパッケージ・イエローエディション：590万)
限定台数	500台	300台	300台	400台

モデル名	XVハイブリッドtS
発売日	2016年9月発表
全長(mm)	4485
全幅(mm)	1780
全高(mm)	1550
ホイールベース(mm)	2640
トレッド(mm)	前：1535／後：1540
変速機形式	CVT
エンジン型式	FB20
形式	水平対向4気筒
排気量(cc)	1995
内径×行程(mm)	84.0×90.0
最大出力 [PS(kW)/rpm]	150(110)/6000
最大トルク [kgf・m(N・m)/rpm]	20.0(196)/4200
モーター型式・種類	MA1・3相交流同期電動機
モーター最高出力 [PS(kW)]	13.6(10)
モーター最大トルク [kgf・m(N・m)]	6.6(65)
販売価格※	308万円
限定台数	設定なし

※販売価格は税抜きの希望小売価格。

■スバルモータースポーツ戦績

●アジアパシフィックラリー選手権(APRC)／チャンピオン

年	ドライバー
1993年	ポッサム・ボーン
1994年	ポッサム・ボーン
1996年	ケネス・エリクソン
1997年※	ケネス・エリクソン
2000年※	ポッサム・ボーン
2006年※	コディ・クロッカー
2007年※	コディ・クロッカー
2008年※	コディ・クロッカー
2009年※	コディ・クロッカー

※ドライバーズタイトルとともにマニュファクチャラーズタイトルを獲得

●インターコンチネンタルラリーチャレンジ(IRC)／
　チャンピオン(プロダクションカップ)

年	ドライバー
2011年	新井敏弘

※2009年以降継続して参戦している競技を紹介。2016年6月現在

●プロダクショカー世界ラリー選手権(PWRC)／ランキング

年	ドライバー	順位
2002年	新井敏弘	ランキング4位
2003年	マーティン・ロウ	チャンピオン
2004年	ナイオール・マックシェア	チャンピオン
2005年	新井敏弘	チャンピオン
2006年	ナッサー・アルアティヤー	チャンピオン
2007年	新井敏弘	チャンピオン
2008年	ヤリ・ケトマー	ランキング3位
2009年	ナッサー・アルアティヤー	ランキング3位
2010年	パトリック・フローディン	ランキング2位
2011年	ヘイデン・パッドン	チャンピオン
2012年	マルコス・リガト	ランキング2位

※スバルユーザーの最上位

●ヨーロッパラリー選手権(ERC)／チャンピオン(プロダクションカップ)

年	ドライバー
2013年	アンドレアス・アイグナー

APRC。2012年のラリー北海道に新井がGVB型WRXで参戦。大会3連覇を果たす。

PWRC。2011年にパッドンがタイトルを獲得。3年ぶりにスバルユーザーが王者に。

IRC。2011年に新井がWRXのR4仕様車で活躍、プロダクションカップを制した。

ERC。2013年はアイグナーがGRB型WRXのR4仕様車でプロダクションカップを制覇。

●全日本ラリー選手権（JRC）／チャンピオン

年	ドライバー	クラス
1993年	神岡政夫	Cクラス
1995年	桜井幸彦	Cクラス
1996年	桜井幸彦	Cクラス
	榊雅広	Aクラス
1997年	新井敏弘	Cクラス
1998年	西尾雄次郎	Cクラス
2001年	綾部美津雄	Cクラス
2007年	勝田範彦	JN-4クラス
2008年	勝田範彦	JN-4クラス
2010年	勝田範彦	JN-4クラス
2011年	勝田範彦	JN-4クラス
2012年	勝田範彦	JN-4クラス
2013年	勝田範彦	JN-4クラス
2014年	鎌田卓麻	JN-5クラス
2015年	新井敏弘	JN-6クラス

●全日本ジムカーナ選手権（JGC）／チャンピオン

年	ドライバー	クラス
1997年	西原正樹	A4クラス
1998年	西原正樹	A4クラス
1999年	茅野成樹	A4クラス
2000年	菱井将文	A4クラス
2003年	菱井将文	A4クラス
2012年	山野直也	PN3クラス
	西原正樹	SA3クラス
2013年	山野哲也	PN3クラス
2014年	大橋渡	SCクラス
2015年	大橋渡	SCクラス
	山野哲也	PN3クラス

●全日本ダートトライアル選手権（JDTC）／チャンピオン

年	ドライバー	クラス
1995年	渋谷真	C2クラス
1996年	綾部美津雄	A4クラス
1997年	小林照明	C3クラス
1998年	北村和浩	A4クラス
	谷田川敏幸	C3クラス
1999年	北村和浩	A4クラス
2000年	北村和浩	A4クラス
	梶岡悟	C3クラス
2002年	谷田川敏幸	C3クラス
2004年	北村和浩	N4クラス
2005年	谷田川敏幸	SC3クラス
2006年	谷田川敏幸	SC3クラス
2007年	谷田川敏幸	SC3クラス
2008年	谷田川敏幸	SC3クラス
2009年	谷田川敏幸	SC3クラス
2010年	谷田川敏幸	SC3クラス
2011年	谷田川敏幸	SC3クラス
2013年	谷田川敏幸	Dクラス
2014年	谷田川敏幸	Dクラス
2015年	谷田川敏幸	Dクラス

●ニュルブルクリンク24時間レース／リザルト

年	ドライバー	総合リザルト	クラスリザルト
2009年	吉田寿博／清水和夫／服部尚貴／松田晃司	33位	5位(SP3Tクラス)
2010年	吉田寿博／清水和夫／カルロ・ヴァン・ダム／マルセル・エンゲルス	24位	4位(SP3Tクラス)
2011年	吉田寿博／カルロ・ヴァン・ダム／マルセル・エンゲルス／佐々木孝太	21位	1位(SP3Tクラス)
2012年	吉田寿博／カルロ・ヴァン・ダム／マルセル・エンゲルス／佐々木孝太	28位	1位(SP3Tクラス)
2013年	吉田寿博／カルロ・ヴァン・ダム／マルセル・ラッセー／佐々木孝太	26位	2位(SP3Tクラス)
2014年	吉田寿博／カルロ・ヴァン・ダム／マルセル・ラッセー／佐々木孝太	32位	4位(SP3Tクラス)
2015年	カルロ・ヴァン・ダム／マルセル・ラッセー／ティム・シュリック／山内英輝	18位	1位(SP3Tクラス)
2016年	カルロ・ヴァン・ダム／マルセル・ラッセー／ティム・シュリック／山内英輝	20位	1位(SP3Tクラス)

JRC。2014年より新井が復帰。VAB型WRXで2015年のJN-6クラスを制覇。

JGC。2013年は山野がBRZを武器にPN3クラスで活躍、チャンピオンに輝いた。

JDTC。SC3クラスの帝王、谷田川がDクラスで躍進。2013年にチャンピオンとなった。

● 全日本GT選手権(JGTC)・スーパーGT(SGT)／シリーズランキング

年	ドライバー	クラス	ドライバーズ部門	チーム部門	エンジンチューナー部門
1997年	小林且雄／古谷直広	GT300クラス	対象外[※1]	対象外[※1]	未設定
1998年	小林且雄／玉本秀幸	GT300クラス	13位	10位	未設定
1999年	小林且雄／谷川達也	GT300クラス	11位	8位	未設定
2000年	小林且雄／谷川達也	GT300クラス	9位	7位	未設定
2001年	小林且雄／谷川達也	GT300クラス	8位	8位	未設定
2002年	小林且雄／谷川達也	GT300クラス	8位	7位	4位
2003年	小林且雄／谷川達也	GT300クラス	21位	14位	7位
2004年	小林且雄／谷川達也	GT300クラス	11位	9位	7位
2005年[※2]	小林且雄／谷川達也	GT300クラス	18位	14位	未設定
2006年	小林且雄[※3]	GT300クラス	27位	20位	未設定
2007年	山野哲也／青木孝行	GT300クラス	22位	18位	未設定
2008年	山野哲也[※3]	GT300クラス	6位	6位	未設定
2009年	山野哲也／密山祥吾	GT300クラス	―[※4]	25位	未設定
2010年	山野哲也／佐々木孝太	GT300クラス	11位	11位	未設定
2011年	山野哲也／佐々木孝太	GT300クラス	4位	4位	未設定
2012年	山野哲也／佐々木孝太	GT300クラス	14位	12位	未設定
2013年	山野哲也／佐々木孝太	GT300クラス	4位	4位	未設定
2014年	佐々木孝太／井口卓人	GT300クラス	5位	6位	未設定
2015年	井口卓人／山内英輝	GT300クラス	12位	10位	未設定

※1 最終戦SUGOへのスポット参戦のみ
※2 同年よりスーパーGTがスタート
※3 年間参戦ドライバーのみ
※4 ランキング外

● スーパー耐久シリーズ／シリーズランキング

年	ドライバー	クラス	ランキング
1999年	渋谷勉／荒川雅彦	クラス2	4位
2000年	渋谷勉／吉田寿博	クラス2	4位
2001年	渋谷勉／清水和夫／吉田寿博	クラス2	3位
2002年	吉田寿博／清水和夫	クラス2	1位
2003年	吉田寿博／清水和夫	クラス2	2位
2004年	吉田寿博／清水和夫	クラス2	2位
2005年	吉田寿博／清水和夫	クラス2	1位
2006年	吉田寿博／小泉和寛	ST-2クラス	2位
2007年	吉田寿博／松田晃司／川口正敬	ST-2クラス	2位
2008年	大澤学／細野智行	ST-2クラス	9位
2009年	大澤学／吉田寿博	ST-2クラス	9位
2010年	大澤学／吉田寿博	ST-2クラス	6位
2011年	大澤学／吉田寿博	ST-2クラス	4位
2012年	大澤学／松田晃司	ST-2クラス	4位
2013年	大澤学／吉田寿博／松田晃司	ST-2クラス	1位
2014年	大澤学／吉田寿博／松田晃司	ST-2クラス	1位
2015年	大澤学／吉田寿博／松田晃司	ST-2クラス	1位

※スバルユーザーの最上位。年間参戦ドライバーのみ

ニュルブルクリンク24時間レース。2015年はSP3Tクラスで勝利を飾る。

スーパーGT。2015年は井口／山内の若手コンビがBRZで激戦のGT300に参戦した。

スーパー耐久。2014年は大澤／吉田／松田がST-2クラスでチャンピオンに輝いた。

廣本 泉（ひろもと・いずみ）

1974年、福岡県に生まれる。1995年よりモータースポーツ専門誌の編集に携わり、2001年よりフリーランスのジャーナリスト、編集者として活動を開始。国内のみならず、WRC（世界ラリー選手権）やWTCC（世界ツーリングカー選手権）、DTM（ドイツツーリングカー選手権）、ニュルブルクリンク24時間レースなど海外でも積極的な取材を行っている。主にモータースポーツ専門誌、自動車情報誌に寄稿。近年はレポート執筆のみならず、撮影も実施しており、さまざまな媒体に寄稿するほか、自動車メーカーやパーツメーカーの広告、webサイトなども手がけている。
著書にSTIの活動をまとめた『STI　20年の軌跡』『STI　スバルブランドを世界に響かせた25年』（いずれも三樹書房）がある。
JMS（日本モータースポーツ記者会）会員。

STIコンプリートカー
スバルモータースポーツ活動の技術を結集したモデル

著者　廣本　泉

発行者　小林　謙一

発行所　三樹書房

URL http://www.mikipress.com

〒101-0051東京都千代田区神田神保町1-30
TEL 03(3295)5398　FAX 03(3291)4418

印刷・製本　シナノ パブリッシング プレス

©Izumi Hiromoto/MIKI PRESS　三樹書房　Printed in Japan

※本書の一部あるいは写真などを無断で複写・複製（コピー）することは、法律で認められた場合を除き、著作者及び出版社の権利の侵害になります。個人使用以外の商業印刷、映像などに使用する場合はあらかじめ小社の版権管理部に許諾を求めて下さい。
落丁・乱丁本は、お取り替え致します